国家出版基金资助项目

现代数学中的著名定理纵横谈丛书

丛书主编　王梓坤

TARTAGLIA FORMULA—TRANSFORMATION AND REDUCTION

Tartaglia公式 ——转化与化归

杨世明　编著

哈尔滨工业大学出版社
HARBIN INSTITUTE OF TECHNOLOGY PRESS

内容简介

本书是一本既有较深厚的理论基础,又富有文采和启发性、可读性的关于数学思维的参考书.本书共分 3 章,分别为数学与转化、化归、转化的技艺,通过对理论基础的讲解和举例子来形象、深刻地说明转化与化归在数学解题中的重要性.

本书适合初高中师生,以及高等师范类院校数学教育专业的学生和数学爱好者参考阅读.

图书在版编目(CIP)数据

Tartaglia 公式:转化与化归/杨世明编著. —哈尔滨:哈尔滨工业大学出版社,2018.1
(现代数学中的著名定理纵横谈丛书)
ISBN 978 - 7 - 5603 - 6986 - 0

Ⅰ.①T… Ⅱ.①杨… Ⅲ.①方程 - 数学公式
Ⅳ.①O122.2-64

中国版本图书馆 CIP 数据核字(2017)第 239049 号

策划编辑　刘培杰　　张永芹
责任编辑　张永芹　　杜莹雪
封面设计　孙茵艾
出版发行　哈尔滨工业大学出版社
社　　址　哈尔滨市南岗区复华四道街 10 号　邮编 150006
传　　真　0451 - 86414749
网　　址　http://hitpress.hit.edu.cn
印　　刷　牡丹江邮电印务有限公司
开　　本　787mm×960mm　1/16　印张 13.5　字数 140 千字
版　　次　2018 年 1 月第 1 版　2018 年 1 月第 1 次印刷
书　　号　ISBN 978 - 7 - 5603 - 6986 - 0
定　　价　58.00 元

⊙ 代 序

读书的乐趣

你最喜爱什么——书籍.

你经常去哪里——书店.

你最大的乐趣是什么——读书.

这是友人提出的问题和我的回答. 真的, 我这一辈子算是和书籍, 特别是好书结下了不解之缘. 有人说, 读书要费那么大的劲, 又发不了财, 读它做什么? 我却至今不悔, 不仅不悔, 反而情趣越来越浓. 想当年, 我也曾爱打球, 也曾爱下棋, 对操琴也有兴趣, 还登台伴奏过. 但后来却都一一断交, "终身不复鼓琴". 那原因便是怕花费时间, 玩物丧志, 误了我的大事——求学. 这当然过激了一些. 剩下来唯有读书一事, 自幼至今, 无日少废, 谓之书痴也可, 谓之书橱也可, 管它呢, 人各有志, 不可相强. 我的一生大志, 便是教书, 而当教师, 不多读书是不行的.

读好书是一种乐趣, 一种情操; 一种向全世界古往今来的伟人和名人求

1

教的方法，一种和他们展开讨论的方式；一封出席各种活动、体验各种生活、结识各种人物的邀请信；一张迈进科学宫殿和未知世界的入场券；一股改造自己、丰富自己的强大力量。书籍是全人类有史以来共同创造的财富，是永不枯竭的智慧的源泉。失意时读书，可以使人重整旗鼓；得意时读书，可以使人头脑清醒；疑难时读书，可以得到解答或启示；年轻人读书，可明奋进之道；年老人读书，能知健神之理。浩浩乎！洋洋乎！如临大海，或波涛汹涌，或清风微拂，取之不尽，用之不竭。吾于读书，无疑义矣，三日不读，则头脑麻木，心摇摇无主。

潜能需要激发

我和书籍结缘，开始于一次非常偶然的机会。大概是八九岁吧，家里穷得揭不开锅，我每天从早到晚都去田园里帮工。一天，偶然从旧木柜阴湿的角落里，找到一本蜡光纸的小书，自然很破了。屋内光线暗淡，又是黄昏时分，只好拿到大门外去看。封面已经脱落，扉页上写的是《薛仁贵征东》。管它呢，且往下看。第一回的标题已忘记，只是那首开卷诗不知为什么至今仍记忆犹新：

日出遥遥一点红，飘飘四海影无踪。

三岁孩童千两价，保主跨海去征东。

第一句指山东，二、三两句分别点出薛仁贵（雪、人贵）。那时识字很少，半看半猜，居然引起了我极大的兴趣，同时也教我认识了许多生字。这是我有生以来独立看的第一本书。尝到甜头以后，我便千方百计去找书，向小朋友借，到亲友家找，居然断断续续看了《薛丁山征西》《彭公案》《二度梅》等，樊梨花便成了我心中的女英雄.我真入迷了.从此,放牛也罢,车水也罢,我总要带一本书,还练出了边走田间小路边读书的本领,读得津津有味,不知人间别有他事.

当我们安静下来回想往事时,往往会发现一些偶然的小事却影响了自己的一生.如果不是找到那本《薛仁贵征东》,我的好学心也许激发不起来.我这一生,也许会走另一条路.人的潜能,好比一座汽油库,星星之火,可以使它雷声隆隆、光照天地;但若少了这粒火星,它便会成为一潭死水,永归沉寂.

抄,总抄得起

好不容易上了中学,做完功课还有点时间,便常光顾图书馆.好书借了实在舍不得还,但买不到也买不起,便下决心动手抄书.抄,总抄得起.我抄过林语堂写的《高级英文法》,抄过英文的《英文典大全》,还抄过《孙子兵法》,这本书实在爱得狠了,竟一口气抄了两份.人们虽知抄书之苦,未知抄书之益,抄完毫末俱见,一览无余,胜读十遍.

始于精于一,返于精于博

关于康有为的教学法,他的弟子梁启超说:"康先生之教,专标专精、涉猎二条,无专精则不能成,无涉猎则不能通也."可见康有为强烈要求学生把专精和广博(即"涉猎")相结合.

在先后次序上,我认为要从精于一开始.首先应集中精力学好专业,并在专业的科研中做出成绩,然后逐步扩大领域,力求多方面的精.年轻时,我曾精读杜布(J. L. Doob)的《随机过程论》,哈尔莫斯(P. R. Halmos)的《测度论》等世界数学名著,使我终身受益.简言之,即"始于精于一,返于精于博".正如中国革命一

3

样,必须先有一块根据地,站稳后再开创几块,最后连成一片.

丰富我文采,澡雪我精神

辛苦了一周,人相当疲劳了,每到星期六,我便到旧书店走走,这已成为生活中的一部分,多年如此.一次,偶然看到一套《纲鉴易知录》,编者之一便是选编《古文观止》的吴楚材.这部书提纲挈领地讲中国历史,上自盘古氏,直到明末,记事简明,文字古雅,又富于故事性,便把这部书从头到尾读了一遍.从此启发了我读史书的兴趣.

我爱读中国的古典小说,例如《三国演义》和《东周列国志》.我常对人说,这两部书简直是世界上政治阴谋诡计大全.即以近年来极时髦的人质问题(伊朗人质、劫机人质等),这些书中早就有了,秦始皇的父亲便是受害者,堪称"人质之父".

《庄子》超尘绝俗,不屑于名利.其中"秋水""解牛"诸篇,诚绝唱也.《论语》束身严谨,勇于面世,"己所不欲,勿施于人",有长者之风.司马迁的《报任少卿书》,读之我心两伤,既伤少卿,又伤司马;我不知道少卿是否收到这封信,希望有人做点研究.我也爱读鲁迅的杂文,果戈理、梅里美的小说.我非常敬重文天祥、秋瑾的人品,常记他们的诗句:"人生自古谁无死,留取丹心照汗青""休言女子非英物,夜夜龙泉壁上鸣".唐诗、宋词、《西厢记》《牡丹亭》,丰富我文采,澡雪我精神,其中精粹,实是人间神品.

读了邓拓的《燕山夜话》,既叹服其广博,也使我动了写《科学发现纵横谈》的心.不料这本小册子竟给我招来了上千封鼓励信.以后人们便写出了许许多多的"纵横谈".

从学生时代起,我就喜读方法论方面的论著.我想,做什么事情都要讲究方法,追求效率、效果和效益,方法好能事半而功倍.我很留心一些著名科学家、文学家写的心得体会和经验.我曾惊讶为什么巴尔扎克在51年短短的一生中能写出上百本书,并从他的传记中去寻找答案.文史哲和科学的海洋无边无际,先哲们的明智之光沐浴着人们的心灵,我衷心感谢他们的恩惠.

读书的另一面

以上我谈了读书的好处,现在要回过头来说说事情的另一面.

读书要选择.世上有各种各样的书:有的不值一看,有的只值看20分钟,有的可看5年,有的可保存一辈子,有的将永远不朽.即使是不朽的超级名著,由于我们的精力与时间有限,也必须加以选择.决不要看坏书,对一般书,要学会速读.

读书要多思考.应该想想,作者说得对吗?完全吗?适合今天的情况吗?从书本中迅速获得效果的好办法是有的放矢地读书,带着问题去读,或偏重某一方面去读.这时我们的思维处于主动寻找的地位,就像猎人追找猎物一样主动,很快就能找到答案,或者发现书中的问题.

有的书浏览即止,有的要读出声来,有的要心头记住,有的要笔头记录.对重要的专业书或名著,要勤做笔记,"不动笔墨不读书".动脑加动手,手脑并用,既可加深理解,又可避忘备查,特别是自己的灵感,更要及时抓住.清代章学诚在《文史通义》中说:"札记之功必不可少,如不札记,则无穷妙绪如雨珠落大海矣."

许多大事业、大作品,都是长期积累和短期突击相结合的产物.涓涓不息,将成江河;无此涓涓,何来江河?

爱好读书是许多伟人的共同特性,不仅学者专家如此,一些大政治家、大军事家也如此.曹操、康熙、拿破仑、毛泽东都是手不释卷,嗜书如命的人.他们的巨大成就与毕生刻苦自学密切相关.

王梓坤

⊙ 目 录

数学与转化

第 1 章

第1节　转化例说

数学是什么？

数学家们众说纷纭,但是从思维角度看,不过是人们从量的侧面对事物的一种思考,是通过量认识世界万事万物的一种过程、途径、方法. 因为事物在不断地运动变化,所以这个过程也充满了从一种形式到另一种形式的转化.

1. 从一则传说谈起

传说,古印度北方有一座圣庙,庙里有一块黄铜板,板上竖着三根宝石针.印度教主梵天在创世之初,把64个大小不同的金盘(中间有孔)由大到小地穿放在其中一根针上(图1).梵天传旨僧侣们,要日夜不停地把金盘从 A 针移到 B 针上,并且规定:每次移一盘,可以 C 针为"中间站",但大盘不得放于小

1

盘之上. 当这 64 个金盘全部移到 B 针之时, 整个世界将霹雳一声, 化为乌有. 这大概就是印度教中所说的"世界末日"吧!

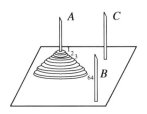

图 1

世界末日何时降临人间? 这可是件大事. 为了得到明确答案, 我们不妨用数学方法, 把它转化为一个数学问题来解决.

1° 在此问题中, 我们关心的是移完 64 个盘的时间, 自然与次数有关. 因为同一盘在两针间来回移动只会白费时间, 所以我们假定僧侣们都掌握了恰当的移盘方式, 使移盘次数最少. 我们以 a_n 表示将 n 个盘从一根针移到另一根针用的最少次数, 目的是求出 a_{64}.

2° 怎样求 a_{64}? 如果 $n=1$, 则 1 次就可把盘 1 由 A 移到 B, 因此, $a_1=1$. 如果 $n>1$, 我们这样想: 要想把 n 个盘由 A 移到 B, 那么首先应把它上面 $(n-1)$ 个盘移开(移到 C 上, 用了 a_{n-1} 次), 然后把盘 n 移到 B 上(用了 1 次), 最后再把前 $(n-1)$ 个盘由 C 移到 B(又用了 a_{n-1} 次). 这时, 就完成了 n 个盘由 A 到 B 的移动, 于是有 $2a_{n-1}+1=a_n$, 加上 $a_1=1$, 得

$$\begin{cases} a_1=1 \\ a_n=2a_{n-1}+1 \quad (n=2,3,\cdots) \end{cases} \quad ①$$

这样, 我们就把一个 n 盘问题(计算 a_n)化成了一

个 $(n-1)$ 盘问题(计算 a_{n-1}).事实上,我们做得比较充分:不仅把 64 盘问题化成了 63 盘问题,而且继之,又把 63 盘问题化成了 62 盘问题,……,只要反复应用①,即知,实际上化成了 1 盘问题,①叫作数列 $\{a_n\}$ 的递推公式.

3° 但是,事情并没有结束,因为要算 a_{64} ,须先算 a_{63} ,为此,又要算 $a_{62}, a_{61}, \cdots, a_1$,这是递推公式的一个缺点.有没有能一下子算出 a_{64} (或者说 a_n)的公式呢?

我们先用归纳法猜猜看

$$a_1 = 1$$
$$a_2 = 2 \times 1 + 1 = 3$$
$$a_3 = 2 \times 3 + 1 = 7$$
$$a_4 = 2 \times 7 + 1 = 15$$
$$a_5 = 2 \times 15 + 1 = 31$$
$$\vdots$$

了解 2 的方幂数 $2,4,8,16,32,\cdots$ 的人,不难猜想

$$a_n = 2^n - 1$$

它是对的吗?学过数学归纳法的读者,当然可以自行证明.下面我们做一简明推导.反复用①

$$\begin{aligned}
a_n &= 2a_{n-1} + 1 = 2(2a_{n-2} + 1) + 1 \\
&= 2^2 a_{n-2} + 2 + 1 = 2^2(2a_{n-3} + 1) + 2^2 - 1 \\
&= 2^3 a_{n-3} + 2^2 + 2^2 - 1 = 2^3(2a_{n-4} + 1) + 2^3 - 1 \\
&= 2^4 a_{n-4} + 2^3 + 2^3 - 1 = 2^4 a_{n-4} + 2^4 - 1 \\
&= \cdots \\
&= 2^{n-1} \cdot a_1 + 2^{n-1} - 1 = 2^{n-1} \cdot 1 + 2^{n-1} - 1 \\
&= 2^n - 1
\end{aligned}$$

所以

$$a_{64} = 2^{64} - 1 = 18\ 446\ 744\ 073\ 709\ 551\ 615(次)$$

4° 如果移盘 1 次用一秒钟,则共用了 a_{64} 秒.如果一年按 365.242 2 天算,则共 31 556 926 秒.那么移完 64 盘要用约

$$a_{64} \div 31\ 556\ 926 \approx 5\ 844\ \text{亿(年)}$$

据现代宇宙学测算,宇宙年龄不过几百亿年,就算是我们的僧侣已辛勤工作了几百亿年;而太阳系的"寿命"大约还有 150 亿年,两项合起来尚不足 1 000 亿年,看来梵天真有些失算了,因为太阳系给僧侣们的时间,大约只能完成移盘任务的 $\frac{1}{6}$.

2. 一个趣味旅行问题

某人按如下方式做一次旅行:第 1 天向东行 $\frac{1^2}{2}$ km,第 2 天向北行 $\frac{2^2}{2}$ km,第 3 天向西行 $\frac{3^2}{2}$ km,第 4 天向南行 $\frac{4^2}{2}$ km,第 5 天又向东行……,且旅行都在同一平面上.问:第 40 天他距第 1 天的出发点多远?

1° 为了弄清旅行的具体情况,应按题意画出一个图形(图 2),则这个旅行问题就转化为一个几何问题,因为逐日行程越来越长,所以路线形成一条回形折线.

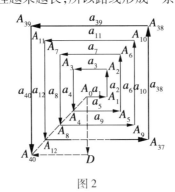

图 2

4

2° 第 1 天从 A_0 出发,到达 A_1,走了 $a_1 = \dfrac{1}{2}\,\text{km}$;

第 2 天由 A_1 到 A_2,走了 $a_2 = \dfrac{2^2}{2}\,\text{km}$;

如规定向东、向北为正,向西、向南为负,则:

第 3 天由 A_2 到 A_3,走了 $a_3 = -\dfrac{3^2}{2}\,\text{km}$;

第 4 天由 A_3 到 A_4,走了 $a_4 = -\dfrac{4^2}{2}\,\text{km}$;

……

第 37 天由 A_{36} 到 A_{37},走了 $a_{37} = \dfrac{37^2}{2}\,\text{km}$;

第 38 天由 A_{37} 到 A_{38},走了 $a_{38} = \dfrac{38^2}{2}\,\text{km}$;

第 39 天由 A_{38} 到 A_{39},走了 $a_{39} = -\dfrac{39^2}{2}\,\text{km}$;

第 40 天由 A_{39} 到 A_{40},走了 $a_{40} = -\dfrac{40^2}{2}\,\text{km}$.

总之:

$a_1, a_5, a_9, \cdots, a_{37}$ 是向东走, $a_2, a_6, a_{10}, \cdots, a_{38}$ 是向北走,均为正;

$a_3, a_7, a_{11}, \cdots, a_{39}$ 是向西走, $a_4, a_8, a_{12}, \cdots, a_{40}$ 是向南走,均为负.

3° 作出 $\mathrm{Rt}\triangle A_0 A_{40} D$,易见

$$DA_{40} = A_0 A_1 + A_2 A_3 + A_4 A_5 + \cdots + A_{38} A_{39}$$
$$= a_1 + a_3 + a_5 + \cdots + a_{39}$$
$$A_0 D = A_1 A_2 + A_3 A_4 + A_5 A_6 + \cdots + A_{39} A_{40}$$
$$= a_2 + a_4 + a_6 + \cdots + a_{40}$$

按勾股定理,有

$$A_0 A_{40}{}^2 = DA_{40}{}^2 + A_0 D^2$$

$$= (a_1 + a_3 + a_5 + a_7 + \cdots + a_{37} + a_{39})^2 +$$
$$(a_2 + a_4 + a_6 + a_8 + \cdots + a_{38} + a_{40})^2$$

$$= \left(\frac{1^2}{2} - \frac{3^2}{2} + \frac{5^2}{2} - \frac{7^2}{2} + \cdots + \frac{37^2}{2} - \frac{39^2}{2} \right)^2 +$$
$$\left(\frac{2^2}{2} - \frac{4^2}{2} + \frac{6^2}{2} - \frac{8^2}{2} + \cdots + \frac{38^2}{2} - \frac{40^2}{2} \right)^2$$

$$= \frac{1}{4} (1^2 - 3^2 + 5^2 - 7^2 + \cdots + 37^2 - 39^2)^2 +$$
$$\frac{1}{4} (2^2 - 4^2 + 6^2 - 8^2 + \cdots + 38^2 - 40^2)^2$$

$$= \frac{1}{4} \left[-2(1+3) - 2(5+7) - \cdots - \right.$$
$$\left. 2(37+39) \right]^2 + \frac{1}{4} \left[-2(2+4) - \right.$$
$$\left. 2(6+8) - \cdots - 2(38+40) \right]^2$$

$$= (1 + 3 + 5 + 7 + \cdots + 37 + 39)^2 +$$
$$(2 + 4 + 6 + 8 + \cdots + 38 + 40)^2$$

$$= (20^2)^2 + (20 \times 21)^2$$
$$= 20^2 \times (20^2 + 21^2)$$
$$= 20^2 \times 29^2$$

所以

$$|A_0 A_{40}| = 20 \times 29 = 580 (\text{km})$$

3° 此题设计十分精巧,不仅沟通了几何(回形折线、勾股定理、有向线段等)、代数(线段的数量、数列求和等),而且数字凑得正好计算. 如建立坐标系,则只需依次计算 $A_i(x_i, y_i)(i = 0, 1, \cdots, 40)$ 的坐标,再用两点间距离公式就可以了.

3. 猪舍问题

有木料可做围墙 24 m,欲围猪舍三间,一面靠旧

6

墙,问:怎样围最大?

1° 如图3所示,这是在一定条件下求矩形 $ABCD$ 的最大面积问题.

2° 因 24 m 不是矩形 $ABCD$ 的周长,用几何法不好解,我们引进符号:设猪舍宽 $AD = x$ m,长 $CD = y$ m,则依题意有

$$\begin{cases} 4x + y = 24 & (x > 0, y > 0) & ① \\ 求面积 S = xy 最大时的 x, y & ② \end{cases}$$

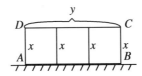

图 3

3° 由①,得 $y = 24 - 4x$,代入式②得 $S = 24x - 4x^2$,再由 $y = 24 - 4x > 0$ 及 $x > 0$,得 $0 < x < 6$,则问题化为:

求 $S = -4x^2 + 24x$ 在区间 $(0,6)$ 上取得最大值时的 x 值.

配方

$$S = -4(x - 3)^2 + 36 \leqslant 36 \qquad ③$$

当 $x = 3$ m 时,式③中等式成立,S 达到自己的最大值 36 m² ,这时 $y = 12$ m.

4° ③亦可直接用不等式 $ab \leqslant \left(\dfrac{a+b}{2} \right)^2$ 求解:因 $x > 0, y > 0$,故

$$S = xy = \frac{1}{4} \cdot 4x \cdot y \leqslant \frac{1}{4} \left(\frac{4x + y}{2} \right)^2 = \frac{1}{4} \left(\frac{24}{2} \right)^2 = 36$$

当 $4x = y$,即 $x = 3$ m ,$y = 12$ m 时,S 达到最大.

5° 用 l m 木条做成有 m 条横档,n 条竖档的矩

形窗子,何时透过光线最多？这已是一般的提法(叫作推广或一般化).

4. 回顾

图 4 显示了三个问题的求解过程.

求解过程的框图告诉我们,问题虽然不同,但都是通过不断转化来求解的,且在求解的关键步骤上呈现为三种典型的转化:

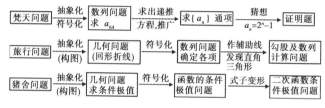

图 4

第一,通过抽象概括,把一个实际问题转化为一个数学问题;

第二,通过引进恰当的符号或图形,把数学问题加以确切描述(称为符号化或形式化),使题意明确地呈现出来;

第三,在数学内部的转化.

由于在《原则与策略》一书中较详细地讨论了"抽象化"和"符号化"这两个问题,这里我们将把重点放在讨论内部转化问题上,由框图 4 中可看出,这种转化主要是由未知向已知、由不便处理向便于处理的转化、由生疏的向较熟悉的转化等. 如在"梵天问题"的求解中,由于求出了 $\{a_n\}$ 的递推公式,把求 a_{64} 问题化为(推广为)求通项公式(即求 a_n 的解析式)的问题,又由于通过归纳猜想 $a_n = 2^n - 1$,计算题转化为证明题;

在"旅行问题"的求解中,由于观察发现并作辅助线构造出 $Rt\triangle A_0A_{40}D$,而把问题成功地转化为勾股及数列计算问题;在"猪舍问题"求解中,则是式子变形(消元、整理),满足了把二元函数的条件极值问题转化为在有限区间上求一元二次函数的最大值问题的愿望.

由上可见,确定和实施数学的内部转化,往往需要完成某种数学的操作,这种操作可能属于某种探索性的合情推理,也可能属于计算或演绎推理.

第2节　三大尺规作图不能问题的反思

在数学历史上,有许多重大难题,都是通过"转化"突破的. 最著名的是"三大尺规作图不能问题".

1. 对三个问题的回顾

我们用如下方法三等分任意 $\angle AOB$.

如图 5 所示,以适当长 r 为半径作 $\odot O$ 交 $\angle AOB$ 两边于 B,C,交 OB 反向延长线于 D. 现在,过 C 作直线交 $\odot O$ 于 E,交 OD 延长线于 F,使得 $EF = r$.

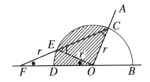

图 5

则由三角形外角定理知

$$\angle AOB = \angle C + \angle F = 3\angle F$$

所以 $\angle F = \dfrac{1}{3}\angle AOB$

这是古希腊数学和物理学家阿基米德(Archimedes)设计的作图法,是何等地简易、严格!怎么说不可能呢?

为了弄清这个谜,读者不妨一试:如果用一条无刻度的直尺,则很难"碰巧"使 $EF = r$. 为了好做,自然可在尺上预设 E,F 两点,使 $EF = r$. 再去画那条直线 CF,但是这样做不符合"尺规作图"的要求:

Ⅰ. 无刻度直尺可以过两点作直线,把线段或射线(反向)延长;

Ⅱ. 有了圆心和半径,可作圆.

这样,就有如下三个功能:①求线;②求圆弧;③求点,即两直线、直线与圆弧或两圆弧的交点. 应用这些"功能"和一些几何定理相配合,首先,若已知线段 a_1, $a_2,\cdots,a_n,a,b,c,d$,则可作出:

$1°$ $x = a_1 + \cdots + a_n$;

$2°$ $x = a - b(a > b)$;

$3°$ $x = na(n \in \mathbf{N})$;

$4°$ $x = \dfrac{ma}{n}(m,n \in \mathbf{N})$;

$5°$ $x = \dfrac{ab}{c}$(第四比例项);

$6°$ $x = \sqrt{ab}$(比例中项);

$7°$ $x = \sqrt{a^2 \pm b^2}$, $x = \sqrt{a^2 + b^2 + c^2 - d^2}$ 等;

$8°$ $x = \sqrt{n}\,a(n \in \mathbf{N})$;

$9°$ $\dfrac{\sqrt{5} - 1}{2}a$(黄金分割);

10°　角的 2^n 等分线.

进而,可作出相当复杂的几何图形,简单的任意角的三等分线却作不出,原因何在? 在此应先说一下"三大作图问题"的历史概况.

大约在公元前 5 世纪,人们提出了三个几何作图题:

一是化圆为方,已知一个圆,求作一个和它等面积的正方形;

二是三等分任意角,已知任意角 α,求作角 $\beta = \dfrac{\alpha}{3}$;

三是倍立方,已知立方体 P,求作立方体 Q,使 $V_Q = 2V_P$.

在漫长的历史岁月中,多少人致力于求解,留下了一串串耐人寻味的故事. 比如,化圆为方的最早研究者安纳萨格拉斯(约公元前 500—前 428)把一生献给了科学事业,研究太阳、月亮和天空,主张太阳是块红热的石头,月亮是块泥土,被认为"对神不敬"而入狱,在狱中还潜心研究"化圆为方"问题. 另一位学者希波克拉底证明了一个"月牙定理":在直角三角形两直角边上向外作半圆,在斜边上向内侧作半圆,交出的两个月牙形的面积分别为 P 和 Q,原直角三角形的面积为 Δ(如图 6 所示),则

$$P + Q = \Delta$$

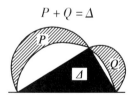

图 6

它相当于把两个曲边形化成了一个直边形,这也

激励了人们立志"化圆为方".

以发明"素数筛法"而饮誉后世的埃拉托塞尼斯(约公元前 276—前 195)在其所著《柏拉图》一书中记述了这样一个故事:

鼠疫正在袭击提洛岛(在爱琴海南部),一个先知者得到神谕:只要把立方体形的祭坛体积加倍,瘟疫即可停息,建筑师感到为难,就去请教柏拉图.柏拉图说:神的真意不在加倍神坛,而是要使希腊人由于忽视几何学而感到羞愧!

埃氏记叙的另一个故事说:

古代一位悲剧式诗人描述克里特岛(以其"撒谎者悖论"而驰名)之王弥诺斯为格劳科斯造墓,他嫌墓太小,命令"必须将体积加倍,但仍保持立方体形状",接着命令"把每条棱加倍",埃氏评论说:这是错误的,因为这样体积变成原来的 8 倍.

所以这个起源于建筑的问题当时并未解决.

至于"三等分任意角"问题可能起源于"正多边形作图"的需要,也可能由"二等分任意角"类比而来.平分任意角如此简单,三等分任意角也不会太难,至少是可以办到的.

2. 三个问题的解决

1° 待到 1637 年(大约是我国明朝末年),笛卡儿创立坐标几何学,是否能用尺规作图才有了确切的判别准则.这是数学史上一件了不起的大事:数形从微观层次上的结合、转化,从而使众多的几何问题(包括许多久攻未克的难题、谜题)可以化为代数问题来研究.1837 年旺策尔在伽罗华工作的基础上,给出三等

12

分任意角和倍立方不可能用尺规作图的证明,但对"化圆为方"问题却无力判决.已过了近半个世纪,待林德曼于 1882 年证明了圆周率 π 为超越数(即不可能为任何整系数整式方程的根),"化圆为方不可能用尺规作出"才彻底判明.

2°　旺策尔是怎样做的呢?

我们知道,按笛卡儿的方法,就要在平面上建立直角坐标系(xOy),从而确立点 P 与有序实数对间的一一对应(同构对应)关系.这样一来,也就建立了图形与方程间的一种对应关系.令人惊奇的是,在这样的对应关系下,平面几何作图中的"一举一动"都会在方程间确切地反映出来,反之也是如此.具体地说,如下页表.

解方程和方程组的经验告诉我们,下表中方程组 3,4,5 的解都是系数 $A,B,C,D,E,F,A_i,B_i,C_i,D_i,E_i,F_i(i=1,2)$ 构成的有理式或二次无理式,即有理数进行四则及开平方运算的结果:形如 $M \pm \sqrt{N}$ 的数(以及对形如 $M \pm \sqrt{N}$ 的数再进行这种运算的结果).下面的对比表告诉我们:只有这样的数,可用尺规按作图公法作出;否则,即为尺规所不能.

3°　考虑"三等分角"问题.

已知 $\angle AOB = \alpha$,作 $\odot O$(圆心在 O 的单位圆),交 $\angle AOB$ 两边于 A,B(图 7).设两条三等分线分别交 $\odot O$ 于 C,D.那么欲作三等分线,只需求出 C,D.现作 $AT \perp OB$ 于 $T,CS \perp OB$ 于 S.那么

$$a = OT = \cos \alpha \quad (已知)$$

$$x = OS = \cos \frac{\alpha}{3} \quad (欲求)$$

几何作图 ←————————→ 代数举措	
1. 过 P_1,P_2 两点可作直线 l	1. 两对数 (x_1,y_1),(x_2,y_2) 可确定方程 $l:Ax+By+C=0$（其中，(x_i,y_i) 是 P_i 的坐标，$A=y_1-y_2$,$B=x_2-x_1$,$C=x_1y_2-x_2y_1$）
2. 以点 $P(a,b)$ 为心，r 为半径，可作 $\odot P(r)$	2. (a,b) 和 r 确定方程 $(x-a)^2+(y-b)^2=r^2$
3. 两直线相交，可求交点	3. 方程组 $\begin{cases} A_1x+B_1y+C_1=0 \\ A_2x+B_2y+C_2=0 \end{cases}$ 若满足 $D=A_1B_2-A_2B_1\neq0$,则有解 $\begin{cases} x=(B_1C_2-B_2C_1)/D \\ y=(A_2C_1-A_1C_2)/D \end{cases}$
4. 直线与圆相交（切），可求交（切）点	4. 方程组 $\begin{cases} Ax+By+C=0 \\ x^2+y^2+Dx+Ey+F=0 \end{cases}$ 若 $\Delta\geq0$,方程组有解,可求解 (x,y)
5. 两圆（弧）若相交（切），可求出交（切）点	5. 方程组 $\begin{cases} x^2+y^2+D_1x+E_1y+F_1=0 \\ x^2+y^2+D_2x+E_2y+F_2=0 \end{cases}$ 若 $\Delta\geq0$,方程组有解,则可求出 (x,y)

14

应用三倍角余弦公式

$$\cos \alpha = \cos\left(3 \cdot \frac{\alpha}{3}\right)$$

$$= 4\cos^3 \frac{\alpha}{3} - 3\cos \frac{\alpha}{3}$$

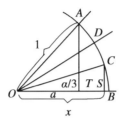

图7

立得方程

$$4x^3 - 3x - a = 0 \qquad\qquad ①$$

我们要证的是:对任何角 α,方程①的根均可用尺规作出"不成立".因此,只要选 α 的一个特殊值,比如 $\alpha = 60°$(这大约就是旺策尔当年选的值),能证明①无可用尺规作出的根就可以了.

我们取: $\alpha = 60°$,则 $a = \cos 60° = \frac{1}{2}$,且①成为

$$8x^3 - 6x - 1 = 0 \qquad\qquad ②$$

第一步:证明②无有理根.作代换 $y = 2x$,得

$$y^3 - 3y - 1 = 0 \qquad\qquad ③$$

③的最高次项系数为 1,它若有有理根,必是 -1 的因数 ± 1(这可用三次方程的韦达定理来证明.这定理是:设 x_1, x_2, x_3 是方程 $ax^3 + bx^2 + cx + d = 0\,(a \neq 0)$ 的根,则 $x_1 + x_2 + x_3 = -\frac{b}{a}$,$x_1x_2 + x_1x_3 + x_2x_3 = \frac{c}{a}$,$x_1x_2x_3 = -\frac{d}{a}$).把 ± 1 代入③检验知不是根,故③即

②无有理根.

第二步:证明②无形如 $M \pm \sqrt{N}$ (M,N 为有理数) 的无理根. 用反证法,若②有根 $x_1 = M + \sqrt{N}$,则根据 "有理系数方程无理根成对"定理(可用韦达定理证明),知 $x_2 = M - \sqrt{N}$ 也是②的根. 再设 x_3 是②的第三个根,则根据韦达定理

$$x_1 x_2 x_3 = (M + \sqrt{N})(M - \sqrt{N}) x_3 = \frac{1}{8}$$

所以
$$x_3 = \frac{1}{8(M^2 - N)}$$

因 M,N 都是有理数,可见 x_3 也是有理数. 于是② 有一个有理根. 与"第一步"证明的结果矛盾. 可见,② 无形如 $M \pm \sqrt{N}$ 的无理根.

第三步:证明方程②无形如 $M_1 \pm \sqrt{N_1}$ (M_1, N_1 是 形如 $M \pm \sqrt{N}$ 的数)的根,这可类似第二步证明,并进 而用数学归纳法证明②无形如 $M_n \pm \sqrt{N_n}$ (M_n, N_n 是 形如 $M_{n-1} \pm \sqrt{N_{n-1}}$ 的数)的根.

可见,②确无尺规可以作出的根,于是图 7 中的 S 从 C,D 求不出. 这就证明了 60° 角是无法用尺规三等分的.

4° 考虑倍立方问题.

设 P 为单位立方体,$V_P = 1$,Q 是 P 的"倍立方", 则 $V_Q = 2V_P = 2$. 设 Q 的棱长为 x,则 $V_Q = x^3 = 2$,即 x 是方程

$$x^3 - 2 = 0 \qquad\qquad ④$$

的根. 显然可类似证明④无有理根,也无形如 $M \pm \sqrt{N}$, $M_1 \pm \sqrt{N_1}, \cdots, M_n \pm \sqrt{N_n}$ 的无理根. 因此,x 也是尺规 不可能作出的.

5° 考虑化圆为方问题.

设已知单位圆所化成的正方形边长为 z,则依题意有 $\pi \cdot 1^2 = z^2$,即

$$z^2 - \pi = 0 \qquad\qquad ⑤$$

按林德曼所证, π 是超越数, $\pm\sqrt{\pi}$ 也是. 它绝不会是任何整系数的整式方程的根. 因此⑤不会有形如 $M_n \pm \sqrt{N_n}$ 的根($M_n \pm \sqrt{N_n} = x$ 可通过反复平方化为整系数整式方程). 因而 z 用尺规作不出.

3. 反思

经历数千年,"三大作图问题"终于得到解决,有诸多经验教训值得我们反思.

1° 上述的讨论过程可通过如下框图(图8)显示.

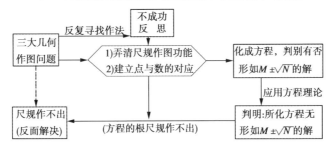

图 8

2° 三大几何作图问题被反面解决,留给我们诸多的教益.

其一,在考虑一个问题时,向一个方向转化总是解不出,这时,不妨向另一个方向考虑;在一个学科(如平面几何)内部化来化去总是解不出时,应考虑向外部(如代数)转化,以便应用新的工具,开拓新的思路. 数学家哥德尔证明的"不完全性定理"表明,一个公理系统内部总存在它自己无法判明的命题;这也说明向外部转化有着重要的意义.

其二,问题的解决经历了多次转化,最关键的是把"几何作图"问题转化成"方程问题"(图形能不能作的问题,也就转化为方程有否某种类型的根的问题),这里边有一般的尺规作图功能的厘定,有坐标几何的发明(后者是数学史上划时代的大铺垫)等,没有这些工作,关键性的转化是不能完成的.

其三,应当承认,问题的反面解决也是问题的解决,每个问题都有它严格的条件和明确的结论,不得随意改变.从数学理论上严格证明了的结论(如用尺规按作图公法不可能三等分任意角、化圆为方和倍立方)不会随着时代的推移有所改变,也不会因为有什么新的发明创造或新工具(如电子计算机)问世而有所改变.如果有人宣称他能三等分任意角,那么不是他用了新的工具(如某种新的曲线)就是突破了作图公法.就如同我们说"骑自行车不可能登月",而有人登上了月球,那么他必定运用了新的交通工具一样.

第3节　方程"家史"

我们很熟悉字母代数,我们经常用字母代数:用字母去表示那些未知的数、任意的数、变化的数和结构复杂的数(π,e,一个式子等),字母代数促成了新的数学对象,如代数式、方程、函数的诞生,促进了新的数学分支的开拓,加速了数学抽象化、符号化的进程,并向真正意义的"数学"迈进.这里,我们首先反思方程"家史".

1. 方程"家史"反思

人们对方程的研究,已有两千余年的历史,而它始终是数学的宠儿,代数学的核心.

1° 大约在东汉时期成书的中国数学大典《九章算术》,不仅设"方程"章,专事研究各种方程(组)的布列和求解,而在别章也非常重视方程的应用和研究,如第七章"盈不足术"的最末一题是:

今有人持钱之蜀贾,利十三.初返归一万四千,次返归一万三千,次返归一万二千,次返归一万一千,后返归一万.凡五返归钱,本利俱尽.问:本持钱及利各几何?

意思是:有人带本钱去四川经商,获利30%(十三,十之三,即30%),先后五次返回款依次为14 000,13 000,12 000,11 000,10 000,结果本利俱已返回.问:本利各有多少?

先求本钱,设为 x,则按题意有

$$\left\{\left\{\left\{\left[x\left(1+\frac{3}{10}\right)-14\,000\right]\left(1+\frac{3}{10}\right)-13\,000\right\}\left(1+\frac{3}{10}\right)-12\,000\right\}\left(1+\frac{3}{10}\right)-11\,000\right\}\left(1+\frac{3}{10}\right)-10\,000=0$$

化简得

$$3.712\,93x-113\,126.4=0$$

解之得本金

$$x=30\,468\frac{84\,876}{371\,293}$$

于是利钱为

$$(14\,000+13\,000+12\,000+11\,000+10\,000)-x$$

19

$$= 60\ 000 - 30\ 468\ \frac{84\ 876}{371\ 293}$$

$$= 29\ 531\ \frac{286\ 417}{371\ 293}$$

2° 列方程解应用题,除了施行抽象化、符号化,还要实施内部转化:展开、整理、移项、合并,最后简化为一般式.

一元一次方程:$ax + b = 0\,(a \neq 0)$ 移项、两边除以 a,即可轻易求得公式

$$x = -\frac{b}{a}$$

一元二次方程:$ax^2 + bx + c = 0\,(a \neq 0)$,通过配方,也可求根公式

$$x = \frac{-b \pm \sqrt{b^2 - 4ac}}{2a}$$

3° 塔塔利亚公式. 一元三次方程 $ax^3 + bx^2 + cx + d = 0\,(a \neq 0)$ 如何求解? 推导二次方程求根公式的成功,自然会激励人们向三次方程进军.

三次方程的求根公式是 16 世纪,自学成才的意大利青年塔塔利亚在准备同斐拉里的一场高水平的数学竞赛时发现的. 后被卡尔丹用残暴的手段篡夺,在其所著《大术》中发表,因而世称"卡尔丹公式". 这是困惑数学家两千余年的一个问题,奇才塔塔利亚几乎是用生命缔造了这个公式,数学应当尊重自己真实的历史,称其为塔塔利亚公式. 现在我们看看是怎样推导的.

先考虑一个特殊的三次方程

$$y^3 + py + q = 0 \qquad ①$$

为了把它转化为二次方程,塔塔利亚的巧妙之处是令 $y = u + v$,代入式①

$$(u+v)^3 + p(u+v) + q = 0$$
$$u^3 + v^3 + (3uv + p)(u+v) + q = 0$$

为了使$(u+v)$项消失,选取$uv = -\dfrac{p}{3}$,代入上式得

$$u^3 + v^3 + q = 0 \qquad\qquad ②$$

但$uv = -\dfrac{p}{3}$意味着$u^3 v^3 = -\dfrac{p^3}{27}$. 于是得关于$u^3, v^3$的一个方程组

$$\begin{cases} u^3 + v^3 = -q \\ u^3 v^3 = -\dfrac{p^3}{27} \end{cases} \qquad\qquad ③$$

由韦达定理的逆定理,知u^3, v^3是如下方程的两个根

$$t^2 + qt - \dfrac{p^3}{27} = 0$$

由求根公式得

$$\begin{aligned} t_{1,2} &= -\frac{q}{2} \pm \sqrt{\left(\frac{q}{2}\right)^2 + \left(\frac{p}{3}\right)^3} \\ &= -\frac{q}{2} \pm m \end{aligned}$$

于是有

$$\begin{cases} u^3 = -\dfrac{q}{2} + m \\ v^3 = -\dfrac{q}{2} - m \end{cases} \quad \left(m = \sqrt{\left(\frac{q}{2}\right)^2 + \left(\frac{p}{3}\right)^3}\right) \qquad ④$$

为了求出u和v,需要解特殊的三次方程$z^3 = k$. 例如,可用因式分解法,它的三个根是

$$z_1 = \sqrt[3]{k},\, z_2 = \omega\sqrt[3]{k},\, z_3 = \omega^2\sqrt[3]{k} \quad \left(\omega = \frac{-1+\sqrt{3}\,\mathrm{i}}{2}\right) \quad ⑤$$

这样,由式④和式⑤就可以求出u, v的各三个值了. 怎样搭配成三组呢? 注意在推导过程中,我们曾选取

Tartaglia 公式:转化与化归

$uv = -\dfrac{p}{3}$,那么在搭配 u, v 的值时,就要符合此条件.

而且若 $uv = -\dfrac{p}{3}$,则(由于 $\omega^3 = 1$)

$$\omega u \cdot \omega^2 v = \omega^2 u \cdot \omega v = \omega^3 uv = uv = -\frac{p}{3}$$

于是,由式④,取 $u = \sqrt[3]{-\dfrac{q}{2} + m}$, $v = \sqrt[3]{-\dfrac{q}{2} - m}$,则

$$u \cdot v = \sqrt[3]{\left(-\frac{q}{2}\right)^2 - m^2}$$

$$= \sqrt[3]{\left(\frac{q}{2}\right)^2 - \left(\frac{q}{2}\right)^2 - \left(\frac{p}{3}\right)^3}$$

$$= -\frac{p}{3}$$

从而搭配如下

$$\begin{cases} u_1 = u \\ v_1 = v \end{cases}, \begin{cases} u_2 = \omega u \\ v_2 = \omega^2 v \end{cases}, \begin{cases} u_3 = \omega^2 u \\ v_2 = \omega v \end{cases}$$

$$\left(u = \sqrt[3]{-\frac{q}{2} + m}, v = \sqrt[3]{-\frac{q}{2} - m} \right)$$

应用 $y_j = u_j + v_j (j = 1, 2, 3)$ 即可得方程①的求根公式

$$\begin{cases} y_1 = \sqrt[3]{-\dfrac{q}{2} + \sqrt{\Delta}} + \sqrt[3]{-\dfrac{q}{2} - \sqrt{\Delta}} \\[2mm] y_2 = \omega \sqrt[3]{-\dfrac{q}{2} + \sqrt{\Delta}} + \omega^2 \sqrt[3]{-\dfrac{q}{2} - \sqrt{\Delta}} \\[2mm] y_3 = \omega^2 \sqrt[3]{-\dfrac{q}{2} + \sqrt{\Delta}} + \omega \sqrt[3]{-\dfrac{q}{2} - \sqrt{\Delta}} \end{cases}$$

$$\left(\omega = \frac{-1 + \sqrt{3}\,\mathrm{i}}{2}, \Delta = \frac{q^2}{4} + \frac{p^3}{27} \right) \qquad ⑥$$

这就是塔塔利亚公式, $\Delta = \dfrac{q^2}{4} + \dfrac{p^3}{27}$ 叫作根的判别式.

为了应用公式⑥, 须先用 $x = y - \dfrac{b}{3a}$ 代换, 把方程 $ax^3 + bx^2 + cx + d = 0\,(a \neq 0)$ 化为式①的形式. 求出 y 以后, 即可求出 x. 推导转化过程可见如下框图9.

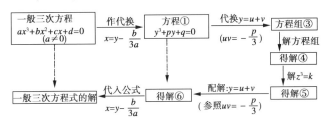

图9

塔塔利亚求解一般三次方程经历了一系列的转化环节, 但我们看到关键是代换 $y = u + v$.

4° 斐拉里转化. 顶替卡尔丹参加同塔塔利亚的数学角逐的斐拉里, 当时虽以绝对劣势输了, 但他不因失败而耿耿于怀, 而是通过竞赛, 从塔塔利亚的三次方程求根公式中寻觅启示, 终于找到一种转化方法, 把一般四次方程

$$x^4 + px^3 + qx^2 + rx + s = 0 \qquad ⑦$$

化归为一个三次方程和两个二次方程的求解. 斐拉里转化用现代数学符号写出, 大致如下:

由⑦出发, 移项

$$x^4 + px^3 = -qx^2 - rx - s$$

配方

$$x^4 + px^3 + \frac{p^2 x^2}{4} = -qx^2 - rx - s + \frac{p^2 x^2}{4}$$

$$\left(x^2 + \frac{px}{2}\right)^2 = \left(\frac{p^2}{4} - q\right)x^2 - rx - s$$

23

引入辅助未知数 y,将上式两边配上 $\left(x^2+\dfrac{px}{2}\right)y+\left(\dfrac{y}{2}\right)^2$

$$\left(x^2+\frac{px}{2}+\frac{y}{2}\right)^2=\left(\frac{p^2}{4}-q+y\right)x^2+\left(\frac{py}{2}-r\right)x+\left(\frac{y^2}{4}-s\right)\ \text{⑧}$$

式⑧左边是一个完全平方式,我们也应当选取适当的 y,使式⑧右边也是完全平方式,而这也就是要使右边的判别式

$$\Delta=\left(\frac{py}{2}-r\right)^2-4\left(\frac{p^2}{4}-q+y\right)\left(\frac{y^2}{4}-s\right)=0$$

展开整理,得

$$y^3-qy^2+(pr-4s)y-(p^2s-4qs+r^2)=0\qquad\text{⑨}$$

这是一个三次方程,可用塔塔利亚公式求解,设解出的式⑨的一个根为 y_0,则式⑧右边即成为一个完全平方式

$$(ux+v)^2\qquad\left(u=\sqrt{\frac{p^2}{4}-q+y_0},v=\sqrt{\frac{y_0{}^2}{4}-s}\right)$$

这时,式⑧就化为两个二次方程

$$x^2+\left(\frac{p}{2}\mp u\right)x+\left(\frac{y_0}{2}\mp v\right)=0\qquad\text{⑩}$$

这样,斐拉里就成功地把一般的四次方程⑦化成了一个(辅助)三次方程⑨和两个二次方程⑩来求解.

读者应当考虑:斐拉里成功的关键举措是什么?是配方、引入辅助未知数和令式⑧右边的判别式 $\Delta=0$ 吗?他是怎样想到这些举措的?

读者不难应用斐拉里转化推导四次方程的求根公式并进行理论探索.

2. 从高斯到伽罗华

寻求一般三、四次方程根式解的成功,激励人们向

一般五次方程

$$ax^5 + bx^4 + cx^3 + dx^2 + ex + f = 0 \quad (a \neq 0) \qquad ①$$

进军,企图找到一种像塔塔利亚或斐拉里式的求根公式或转化方法,虽然没有成功,但却提出了两个令人深思的问题,产生了两个令人欣慰的结果:

1° 第一个问题是:"像①这样的方程到底有没有解?"

对于一到四次的一般方程、很多高次数字系数的方程,以及方程 $x^n = a$,人们是通过求出解而证实了它是有解的.可是像①这样的一般方程,一时求不出它的解,说明了什么呢? 是它实际上没有解,还是由于要求或方法不当,虽有解而暂时求不出呢?

数学家们考虑:当次数由 4 变到 5,或当数字系数一般化时,解难道会突然消失吗? 这是不合情理的,他们干脆做出一般猜想:对任一自然数 n 和复数 a_0, $a_1, \cdots, a_n$,方程

$$f_n(x) = a_n x^n + a_{n-1} x^{n-1} + \cdots + a_1 x + a_0 = 0 \quad (a_n \neq 0) ②$$

必有根.方程②的根也叫多项式 $f_n(x)$ 的根或零点. 而上述猜想由于得到证明,人们称之为:

代数基本定理 当 $n \geq 1$ 时,对每个复系数多项式 $f_n(x)$ 来说,都存在一个复数 α,使 $f_n(\alpha) = 0$.

1799 年,高斯向海尔姆斯泰特大学提交了博士论文《每个单变量的有理整系数多项式分解为一次或二次因式乘积的一个新证明》. 由于一次或二次式的根必存在,所以这篇划时代的论文实际上是证明了代数方程根的存在性,即上述定理.

其实,早在 1629 年,吉拉尔就提出了"代数基本定理". 到 18 世纪,数学家达朗贝尔、欧拉、拉格朗日都为证明该定理做过很多工作,并以为真的证明了它.

高斯在自己的论文中首先指出前人证明中的失误,在于先不自觉地假设方程有根,然后再去证明根的存在.所以高斯给出的新证明实际上是第一个正确的证明.

证明的思路是通过如下转化:设 $x = u + vi$,则 $f(x)$ 可分解为虚实两部分

$$f(x) = f(u+vi) = g(u,v) + ih(u,v)$$

其中 $h(u,v)$ 和 $g(u,v)$ 是实系数二元多项式,则方程 $f(x) = 0$ 也就等价于二元方程组

$$\begin{cases} g(u,v) = 0 \\ h(u,v) = 0 \end{cases}$$

如果此方程组有解 (a,b)(它相当于 $u - v$ 坐标平面上一点),则方程 $f(x) = 0$ 必有根 $x = a + bi$. 而方程组的解不过是两条曲线 $g(u,v) = 0$ 和 $h(u,v) = 0$ 的交点.因此高斯致力于对两曲线进行定性分析,从而证明它们必相交.

为此,他作了一个充分大的 $\odot O(R)$(比如,$R > |a_n| + \cdots + |a_0|$),这样就可以只考虑 $f(x)$ 的最高次项;于是他证明了曲线 $g(u,v) = 0$ 和 $h(u,v) = 0$ 各与 $\odot O(R)$ 有 $2n$ 个交点,且这两条曲线同圆的交点在 $\odot O$ 上相间排列.他说:"一条代数曲线上的一段连续的弧,连接着两个不同区域上的点.而这两个区域又被另一条曲线隔开,所以 $g(u,v) = 0$ 与 $h(u,v) = 0$ 必定相交".

由于这里用到的代数曲线的连续性质文中未予证明,高斯觉得是个缺陷,所以他以后又给出了四个不同的证明,而上面介绍的是把代数问题转化为几何问题加以解决的,其定性分析之巧妙,令人叹为观止.

2° 第二个问题是:"像①这样的方程,求根公式为什么找不到?是不是根本不存在这样的公式?"

　　为了回答这个问题,拉格朗日首先想弄清二、三、四次方程的代数解法(代换、配方、开方等)为什么不适用于五次方程. 通过分析对比,发现这样推导公式,有很大局限性,不仅推导方法要随着次数变,而且找不出规律,只能靠拼凑. 因此,当把这种"拼凑"法用于五次方程时,屡试屡败,却找不出败因.

　　拉格朗日毕竟是杰出的数学家,他独辟蹊径应用更富有规律性的根的置换理论统观二、三、四次方程的解法,结果发现它们乃是遵循着同一基本原理. 现在让我们来看看拉格朗日是怎样做的:

　　对二次方程 $x^2 + px + q = 0$ 的两个根 x_1, x_2,有

$$x_1 + x_2 = -p, x_1 x_2 = q$$

$x_1 + x_2$ 和 $x_1 x_2$ 都是轮换对称式,作置换 $x_1 \rightarrow x_2, x_2 \rightarrow x_1$

(以后记作 $\begin{pmatrix} 1 & 2 \\ 2 & 1 \end{pmatrix}$)时,其值不变

$$\begin{pmatrix} 1 & 2 \\ 2 & 1 \end{pmatrix}(x_1 + x_2) \Rightarrow x_2 + x_1 = x_1 + x_2$$

$$\begin{pmatrix} 1 & 2 \\ 2 & 1 \end{pmatrix}(x_1 x_2) \Rightarrow x_2 x_1 = x_1 x_2$$

现已知 $x_1 + x_2 = -p$,如再知 $x_1 - x_2$,即可求出 x_1, x_2,但

$$\begin{pmatrix} 1 & 2 \\ 2 & 1 \end{pmatrix}(x_1 - x_2) \Rightarrow x_2 - x_1 = -(x_1 - x_2)$$

知 $x_1 - x_2$ 不是对称式,不可能用 p, q 的代数式表示出. 但发现 $(x_1 - x_2)^2$ 是对称式

$$\begin{pmatrix} 1 & 2 \\ 2 & 1 \end{pmatrix}(x_1 - x_2)^2 \Rightarrow (x_2 - x_1)^2 = (x_1 - x_2)^2$$

故可以表示成 p, q 的多项式: $(x_1 - x_2)^2 = (x_1 + x_2)^2 - 4x_1 x_2 = p^2 - 4q, x_1 - x_2 = \pm \sqrt{p^2 - 4q}$,则由方程组

$$\begin{cases} x_1 + x_2 = -p \\ x_1 - x_2 = \pm \sqrt{p^2 - 4q} \end{cases}$$

立即求出公式.

再看三次方程 $x^3 + px^2 + qx + r = 0$. 按韦达定理

$$\begin{cases} x_1 + x_2 + x_3 = -p \\ x_1x_2 + x_1x_3 + x_3x_1 = q \\ x_1x_2x_3 = -r \end{cases}$$

各等式左边都是 x_1, x_2, x_3 的对称式,即在三字母的如下六种置换

$$\sigma_1 = \begin{pmatrix} 1 & 2 & 3 \\ 1 & 2 & 3 \end{pmatrix}, \sigma_2 = \begin{pmatrix} 1 & 2 & 3 \\ 1 & 3 & 2 \end{pmatrix}$$

$$\sigma_3 = \begin{pmatrix} 1 & 2 & 3 \\ 2 & 3 & 1 \end{pmatrix}, \sigma_4 = \begin{pmatrix} 1 & 2 & 3 \\ 2 & 1 & 3 \end{pmatrix}$$

$$\sigma_5 = \begin{pmatrix} 1 & 2 & 3 \\ 3 & 2 & 1 \end{pmatrix}, \sigma_6 = \begin{pmatrix} 1 & 2 & 3 \\ 3 & 1 & 2 \end{pmatrix}$$

中任一个的作用之下,都不会改变.

现在已有了一个方程 $x_1 + x_2 + x_3 = -p$,还需要 x_1, x_2, x_3 的两个一次方程,才能求出 x_1, x_2, x_3. 要两个什么样的方程呢?

回顾二次方程的情况:在 $x_1 - x_2$ 中,x_1 和 x_2 的系数 $1, -1$ 恰是方程 $x^2 = 1$ 的两个根,于是他联想到对三次方程,应考虑 $x^3 = 1$ 的三个根 $1, \omega, \omega^2$ $\left(\text{其中 } \omega = \dfrac{-1 + \sqrt{3}\,i}{2}\right)$,则与 $x_1 - x_2$ 相当的多项式为

$$\varphi_1 = x_1 + \omega x_2 + \omega^2 x_3, \varphi_2 = x_1 + \omega x_3 + \omega^2 x_2$$

"若 φ_1, φ_2 能用 p, q, r 的多项式表示就好了"拉格朗日想,但它们不是 x_1, x_2, x_3 的对称式,那怎么办? 实际上,x_1, x_2, x_3 同 $1, \omega, \omega^2$ 搭配的式子除 φ_1, φ_2 外,还有

四个

$$\varphi_3 = x_2 + \omega x_3 + \omega^2 x_1 , \varphi_4 = x_2 + \omega x_1 + \omega^2 x_3$$

$$\varphi_5 = x_3 + \omega x_1 + \omega^2 x_2 , \varphi_6 = x_3 + \omega x_2 + \omega^2 x_1$$

显而易见,$\{\varphi_1, \varphi_2, \cdots, \varphi_6\}$中的任一个在$\sigma_1, \sigma_2, \cdots, \sigma_6$中任一个的作用下,还在$\{\varphi_1, \varphi_2, \cdots, \varphi_6\}$中,就是说方程

$$(t - \varphi_1)(t - \varphi_2)(t - \varphi_3)(t - \varphi_4)(t - \varphi_5)(t - \varphi_6) = 0 \quad ③$$

在如上六种置换 $\sigma_1, \cdots, \sigma_6$ 下不会改变(只不过是各因式的重排而已),即它的系数(将方程左边展开即知)$\varphi_1 + \cdots + \varphi_6 , \varphi_1 \varphi_2 + \cdots + \varphi_5 \varphi_6 , \cdots , \varphi_1 \varphi_2 \varphi_3 \cdots \varphi_6$ 都是 x_1, x_2, x_3 的对称多项式,故可用 p, q, r 表示出. 因此,t 若可以解出,则也就可用 p, q, r 表示出. 事实上,由于

$$\varphi_5 = \omega \varphi_1 , \varphi_3 = \omega^2 \varphi_1 , \varphi_4 = \omega \varphi_2 , \varphi_6 = \omega^2 \varphi_2$$

所以

$$(t - \varphi_1)(t - \varphi_3)(t - \varphi_5)$$
$$= (t - \varphi_1)(t - \omega^2 \varphi_1)(t - \omega \varphi_1)$$
$$= t^3 - (1 + \omega + \omega^2)\varphi_1 t^2 + (\omega + \omega^2 + \omega^3)\varphi_1^2 t - \omega^3 \varphi_1^3$$
$$= t^3 - \varphi_1^3$$

同理

$$(t - \varphi_2)(t - \varphi_4)(t - \varphi_6) = t^3 - \varphi_2^3$$

所以,方程③化为

$$(t^3 - \varphi_1^3)(t^3 - \varphi_2^3) = 0 \quad ④$$

$$t^6 - (\varphi_1^3 + \varphi_2^3)t^3 + \varphi_1^3 \varphi_2^3 = 0 \quad ⑤$$

由于可算出

$$\varphi_1^3 + \varphi_2^3 = -2p^3 + 9pq - 27r$$

$$\varphi_1^3 \varphi_2^3 = (p^2 - 3q)^3$$

则从⑤中(应用二次方程的求根公式)可求出 t^3 的两

个值，再由④即可求出 φ_1, φ_2（应用 p,q,r 的表达式），再应用方程组

$$\begin{cases} x_1 + x_2 + x_3 = -p \\ x_1 + \omega x_2 + \omega^2 x_3 = \varphi_1 \\ x_1 + \omega^2 x_2 + \omega x_3 = \varphi_2 \end{cases}$$

即可求出 x_1, x_2, x_3（通过 p,q,r 的表达式）.

　　拉格朗日的思路行得通吗？有兴趣的读者不妨把它算到底，即知对三次方程确实能"通"！不仅如此，对一般四次方程，用类似的方法（应用韦达定理，四个字母的 4！＝24 个置换 $\sigma_1, \cdots, \sigma_{24}$，$x^4 = 1$ 的根等），也可导出 x_1, x_2, x_3, x_4 的公式. 可是，当拉格朗日将类似的方法用于五次方程时，发现引进的关于 $x_1, \cdots, x_5$ 的辅助函数 $\varphi_1, \varphi_2, \varphi_3, \varphi_4$ 须满足一个一般的六次方程，因此求不出. 这种系统的方法的失效预示着五次方程可能没有像一到四次方程那样的求根公式，但拉氏的方法难以决断.

3. 拉格朗日功不可没

　　虽然拉格朗日没有能真正解决五次方程的问题，但是他应用的置换方法（是一种系统的转化方法，预示了一门新的数学将要诞生！）不仅首次提出"高于四次的一般代数方程根式解不存在"的猜想，为后人打下了基础；另一方面，也具体地说明了方程有否根式解，与根的排列和置换有关.

　　沿着拉氏的思路继续前进，年轻数学家阿贝尔发现由若干文字构成的置换（n 个文字的置换有 n！ 个）的集合，具有独特的性质，如对某种乘法封闭，服从结合律，存在单位元，每元必有逆元等. 这样的集合他称

之为置换群,并应用相应的理论严格证明了:五次和五次以上的一般方程根式解不存在(即像一到四次方程那样的由系数经六种代数运算(加、减、乘、除、幂、根)构成的求根公式不存在).法国青年数学家伽罗华进一步地推广了置换群的概念,找到了任一方程所伴随的反映它是否有根式解的性质的群(称为伽罗华群),从而可以方便地判别任一方程的可解性.

第 4 节　认识数学

我国知名数学家齐民友先生在《数学与文化》这本书中有一句名言:

数学的再一个特点是它不仅研究宇宙的规律,而且也研究自己.

这句话主要指的是数学基础的研究,因为数学建筑与高楼大厦不同,它是一边构建上层,一边认识、改造和加固基础,克服不断产生的危机.我们这里,则是从转化的角度,加深对数学某些方面的认识.

1. 变与不变

现在我们通过一些重要的实例来探讨数学中"转化"的规律,从而深入认识数学.

1° 从数学转化的根源上分析数学转化的规律.

我们知道,数学归根结底是人们在实践中由于应用和认识的需要而提出和发展的,它的对象、方法都是现实事物在人们头脑中的反映.各种物质的运动变化,反映在哲学家头脑中,就被概括为:矛盾存在于一切事物发展的过程中,矛盾贯串于一切事物发展过程的始终,一切矛盾着的东西,互相联系着,不仅在一定条件下共处于一个统一体中,而且在一定条件下互相转化.这就是数学中转化的根源.

运算是数式之间、运算对象不同表现形式之间的转化,选设数学符号是数学语言不同表达形式之间的转化,是数学语言的符号化、形式化,它使数学思维、表述、记录、教学、传播呈现出鲜明的特征.此外,还有命题间的转化(推理)、图形间的转化(作图,填设辅助线)等.

当分别有 30 只和 65 只的两群动物合成一群时,我们发现合并后的动物群共有 95 只动物,于是"动物群合并"这种事物的转化,伴随着数量上的转化是数的加法

$$30 + 65 = 95$$

反之,如果一群动物(有 95 只)分裂成两群:一群 30 只而另一群 65 只,那么伴随着的数量转化是整数分拆

$$95 = 30 + 65$$

这里,我们是在把式子(30 + 65)与数 95 通过加法或分拆进行转化,转化之所以必要,是由于两者有所不同. 而转化之所以可能、合理,是由于它们有共同之处,有同一性.

一般的,我们在数学研究、应用的过程中,经常要把一个数学事物 A 通过措施 C 转化为数学事物 B

$$A \xrightarrow{(C)} B \qquad ①$$

这时,要回答三个问题:

一是为什么要做这样的转化,即为什么这样的转化会有利于问题的解决呢? 答曰:B 与 A 有所不同,B 比 A 更适合于我们的需要.

二是为什么能做这样的转化,即为什么这样的转化是合理的呢? 答曰:B 与 A 有共同的因素,就是说,

由 A 转化到 B，某些特性遗传了下来，而且更为明显、更易获取.

这就是变中有不变，变是为了使不变的东西保留和外露，这就是数学转化的基本规律.

三是怎样做这样的转化，即转化的方法、手段和依据，就是 C 的含义.

转化如沙里淘金，用各种手段、工具和方法淘去沙石，把黄金保留下来. 我们的举措 C 就要保证这一点. 下面我们通过实例不难看出这一点.

2°　（1）解方程（组）过程的分析.

设有方程组

$$\begin{cases} x+y=9 \\ \dfrac{1}{x}+\dfrac{1}{y}=1 \end{cases} \qquad (\text{I})$$

我们来求它的解 (x_0,y_0). 由于 $\dfrac{1}{x}+\dfrac{1}{y}=\dfrac{x+y}{xy}$（举措 C：恒等变形），故方程组（I）化为

$$\begin{cases} x+y=9 \\ xy=9 \end{cases} \qquad (\text{II})$$

据韦达定理（这就是①中的 C），知 (x,y) 是如下方程的两个根

$$t^2-9t+9=0 \qquad \text{②}$$

应用求根公式（这就是①中的 C），得

$$t_{1,2}=\frac{9\pm\sqrt{9^2-4\times9}}{2}=\frac{9\pm3\sqrt{5}}{2}$$

所以

$$\begin{cases} x=\dfrac{9+3\sqrt{5}}{2} \\ y=\dfrac{9-3\sqrt{5}}{2} \end{cases} \text{或} \quad \begin{cases} x=\dfrac{9-3\sqrt{5}}{2} \\ y=\dfrac{9+3\sqrt{5}}{2} \end{cases} \qquad \text{③}$$

这里,由(Ⅰ)→(Ⅱ)→②→③,都是同解变形.其中的举措有式子变形、韦达定理和求根公式,就是在保持解不变的条件下,逐渐转换方程的形状,且越变越容易求出解,直到变成③这种一眼能看出解的方程(组).因此,方程组(Ⅰ)的两个解为

$$\left(\frac{9+3\sqrt{5}}{2},\frac{9-3\sqrt{5}}{2}\right),\left(\frac{9-3\sqrt{5}}{2},\frac{9+3\sqrt{5}}{2}\right)$$

应说明如下几点:

第一,我们在解方程(组)的过程中,常用的一些等式变形属于同解变形或同解原理,它们的功能是保证解不变的条件下使式子变形,变得更易于求解,即所谓"形变解不变".

第二,在解方程过程中应用的有些变形属于恒等变形,如移项、合并同类项等,恒等变形是"形变值不变"的转化,如

$$(x+y)^2=x^2+2xy+y^2$$
$$\sin(x+y)=\sin x\cos y+\cos x\sin y$$

要注意的是,由于某些恒等变形可能改变未知数的取值范围,因此并非同解变形,如方程

$$2x+\frac{x^2}{x}=0 \quad 与 \quad 2x+x=0$$

并不同解.

第三,仅用同解变形有些方程很难解,特别对于无理方程、分式方程,常用两边平方、两边同乘一个整式等方法,这属于"增根变形".根多了可以检验剔除,但尽量勿用"失根变形",因为失了根无处寻.

(2)"数学归纳法"应用过程分析.

自然数有一条性质,就是:若 $1\in\mathbf{N}$,且如果 $n\in\mathbf{N}$,

则 $n+1 \in \mathbf{N}$，则 $\mathbf{N}$ 就是自然数集合了. 由此，人们设计了如下"数学归纳法原理"：

1）$P(1)$ 正确；

2）$P(k) \Rightarrow P(k+1)(k \geqslant 1)$.

则 $\forall n \in \mathbf{N}, P(n)$ 正确.

这里，$P(k) \Rightarrow P(k+1)$ 的意思是：由假定 $P(k)$ 正确，推出 $P(k+1)$ 正确. 这不过是一个原则的构想而已，数学中到底是否存在实现 $P(k) \Rightarrow P(k+1)$ 的机制呢？如果有，那是什么呢？先看一个例子，求证

$$1^2 + 2^2 + \cdots + n^2 = \frac{1}{6}n(n+1)(2n+1) \qquad ④$$

证明　首先，当 $n=1$ 时，有

$$左边 = 1^2 = 1$$

$$右边 = \frac{1}{6} \times 1 \times (1+1)(2 \times 1+1) = \frac{6}{6} = 1$$

等式成立.

现在假设 $n=k$ 时，等式④正确

$$1^2 + 2^2 + \cdots + k^2 = \frac{1}{6}k(k+1)(2k+1) \qquad ⑤$$

则当 $n=k+1$ 时，有

$$1^2 + 2^2 + \cdots + k^2 + (k+1)^2$$

$$= \frac{1}{6}k(k+1)(2k+1) + (k+1)^2$$

$$= \frac{1}{6}(k+1)\left[k(2k+1) + 6(k+1)\right]$$

$$= \frac{1}{6}(k+1)(k+2)(2k+3)$$

$$= \frac{1}{6}(k+1)\left[(k+1)+1\right]\left[2(k+1)+1\right]$$

所以，公式④当 $n = k + 1$ 时正确. 因此，公式⑤对一切 $n \in \mathbf{N}$ 正确.

在证明中，"假定 $n = k$ 时，④正确"是清清楚楚的，即承认把④中的 n 换成 k 的式子是恒等式. 那么，"当 $n = k + 1$ 时，公式④正确"是什么意思呢？是不是"承认把 $n = k + 1$ 代入④两边所得的式子也是正确的"就可以了呢？显然不是这样的. 若是如此，则任何 $P(1)$ 正确的公式，都能证明它必定正确.

那么怎样理解呢？仔细体会上述推证过程，不难看出：这就是"把 $n = k + 1$ 代入④的左边，应用恒等变形和⑤对式子进行变形计算的结果，与把 $n = k + 1$ 直接代入④右边的结果是完全一致的". 这就是"当 $n = k + 1$ 时正确"的含义.

由此可知，正是式子的这种变形的功能，成全了数学归纳法，使之由构想变成了现实，由"思想"变成了可操作的东西. 另一方面，只有能经受住"由 $n = k$ 到 $n = k + 1$"这种变形考验的式子，才有资格作为公式. 而所谓"公式成立"或命题的正确性乃是这种变形转化的不变性.

（3）求导数过程分析.

物体的运动速度是什么？答曰：单位时间内走过的路程. 怎样求？如果是匀速运动或求平均速度，用在时间 t 内走过的路程 s 除以 t，即得

$$v = \frac{s}{t} \quad (t \neq 0)$$

如果是变速运动呢？应该怎样求？比如自由落体的瞬时速度，应怎样求？我们知道，这是一种匀加速运动，

其加速度为 g（即重力加速度，$g \approx 9.8 \ \mathrm{m/s^2}$），设从高度为 h 的地方落下，则其运动方程为

$$s(t) = \frac{1}{2}gt^2 + h$$

求瞬时速度的方法是：先求某一段时间（由 t 到 $t + \Delta t$）的平均速度

$$\begin{aligned}
\bar{v} &= \frac{\Delta s(t)}{\Delta t} = \frac{s(t + \Delta t) - s(t)}{\Delta t} \\
&= \frac{1}{\Delta t}\left[\frac{1}{2}g(t + \Delta t)^2 + h - \frac{1}{2}gt^2 - h \right] \\
&= \frac{1}{\Delta t}\left[\frac{1}{2}gt^2 + \frac{1}{2}g \cdot 2t\Delta t + \frac{1}{2}g \cdot (\Delta t)^2 + h - \frac{1}{2}gt^2 - h \right] \\
&= \frac{1}{\Delta t}\left[gt\Delta t + \frac{1}{2}g \cdot (\Delta t)^2 \right] \\
&= gt + \frac{1}{2}g\Delta t
\end{aligned}$$

当 Δt 较大时，如果用 $\bar{v}$ 代替各时刻的瞬时速度，那是很粗糙的．要想精细，就要把时间间隔 Δt 取得非常短，干脆让它趋于 0，于是有

$$\begin{aligned}
v_t &= \lim_{\Delta t \to 0} \bar{v} = \lim_{\Delta t \to 0}\left(gt + \frac{1}{2}g \cdot \Delta t \right) \\
&= gt
\end{aligned}$$

这就是我们常见的自由落体瞬时速度公式．推而广之，对任一个函数 $f(x)$，如以 $f'(x)$ 表示函数值 $f(x)$ 随着 x 的变化率，可采用同样的方法：先让 x 变到 $x + \Delta x$，求平均变化率 $\dfrac{\Delta f(x)}{\Delta x}$，然后再让 $\Delta x \to 0$，求其极限

$$f'(x) = \lim_{\Delta x \to 0} \frac{\Delta f(x)}{\Delta x}$$

$$= \lim_{\Delta x \to 0} \frac{f(x + \Delta x) - f(x)}{\Delta x}$$

如果这极限存在,$f'(x)$ 就叫作 $f(x)$ 在 x 处的导(函)数(这时,称函数 $f(x)$ 在 x 处可微),$f'(x)\mathrm{d}x$ 就叫作函数的微分.

不难看出,导数 $f'(x)$ 正是一个函数 $f(x)$ 当自变量 x 变到 $x + \Delta x$ 时,函数的改变量 $\Delta f(x) = f(x + \Delta x) - f(x)$ 同 Δx 之比,当 $\Delta x \to 0$ 时的极限,即这个转化过程中一种不变的东西,一种反映了函数深刻性质的东西,它正是我们通过转化而获得的. 如果我们注意到:当 $\Delta x \to 0$ 时,$\Delta f(x) \to 0$,则 $f'(x)$ 实际上是 $\frac{0}{0}$,那么 $f'(x)$ 正是当自变量值与函数值一起"消逝"的刹那保存下来的东西,就会感到它非同寻常了. 就会真正认识到,"导数"的发现,微积分的创立,确实是数学史上真正了不起的事件!

(4)一个组合难题的分析.

一个 $3 \times 3 \times 3$ 立方体,纵、横、竖各切两刀(图 10(a)),共 6 刀,可把它切成 27 个单位立方体. 那么现在有一个问题:以上 6 刀是在"整个切完再动"的情况下完成的. 但如果我们放松要求,就是说,在切完第 1 刀之后,就把最后面的一块调到下面(图 10(b)),再切第 2 刀,然后再适当调动,切第 3 刀等. 试问:这样边切边调动,仍把它切成 27 个单位立方体,少于 6 刀行吗?

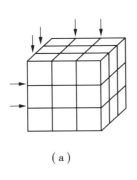
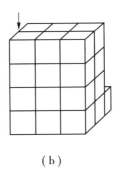

（a）　　　　　　　　　（b）

图 10

　　由于调动方法太多,且很难弄清调动在数学中意味着什么,所以相当长的一段时期中,成为一个大家公认的难题.

　　如果要解决它,我们应当寻求变化中的规律,应当抓住变中不变的东西. 立方体切割调动中不变的东西是什么? 为了找到这不变的东西,我们把原立方体各面都染成红色. 我们来查看切割成的 27 个单位立方体,可以看出,其中的 6 个只有一个红面,12 个有两个红面,8 个有三个红面;而剩下的 1 个却一个红面也没有:它的 6 个面都是新切割出来的. 这说明,单是切割出这个无红面的小立方体,就要 6 刀(因为一刀只能切出一个新面),那么整个大立方体的切割,就至少要 6 刀才能完成. 因此,无论怎样切割、调动,少于 6 刀是不行的.

　　由如上分析求解过程不难看出:一个特殊的立方体即在切割调动中特点不会变,即 6 个面都是新面的立方体的发现,是本题求解的关键. 它的发现,使我们透过纷繁的现象,看到了决定性的东西——具有 6 个新面的小立方体:它是对任何调动切割方式都保持不变的性质,从而使问题迎刃而解.

Tartaglia 公式:转化与化归

(5)对转化公式①,应用前面讨论过的问题,可有如下表的注释.

转化公式 $A \xrightarrow{(C)} B$ 注释

转化名称	转化前数学事物 A	转化操作（基本）C	转化后数学事物 B	转化中不变的事物
解二次方程	$ax^2 + bx + c = 0$ $(a \neq 0)$	配方	$\left(x + \dfrac{b}{2a}\right)^2 = \dfrac{b^2 - 4ac}{4a^2}$	方程有根的情况
解方程组	$\begin{cases} a_1 x + b_1 y = c_1 \\ a_2 x + b_2 y = c_2 \end{cases}$	消元（同解原理）	$\begin{cases} Dx = D_x \\ Dy = D_y \end{cases}$	解的情况
数学归纳法	公式 $S_n = f(n)$ $(n = k \geqslant 1)$	式子变形 $(f(n) + a_{k+1} = f(k+1))$	公式 $S_n = f(n)$ $(n \in \mathbf{N})$	公式的正确性
极限过程	函数 $y = f(x)$	求极限 $(\Delta x \to 0)$	$f'(x)$	函数变化率
立方体切割	$3 \times 3 \times 3$ 立方体	调动、切割	27 个单位立方体	具有 6 个新面的立方体

另外,前面问题求解的过程都是由多环节的转化构成的

$$A \xrightarrow{(C_1)} B_1 \xrightarrow{(C_2)} B_2 \xrightarrow{(C_3)} B_3 \xrightarrow{(C_4)} \cdots \xrightarrow{(C_n)} B$$

对每个转化环节,都可追究其转化前后不变的事物.

3° 对几何的认识.

我们都学过了几何学(平面几何、立体几何、解析几何).那么,什么是平面几何学呢? 研究图形性质的学科叫几何学.那么,研究图形的什么性质? 答曰:位置、形状和大小.

(1)实例分析.

例1 关于圆幂定理.我们学习过圆的相交弦定理、切线长定理、切割线定理、割线定理等,可统一表述为:设 P 为 $\odot O(R)$ 所在平面上任一点(如图 11 所示), $OP = d$,直线 l 过 P 与 $\odot O$ 交(切)于 A, B ,则

$$PA \cdot PB = |d^2 - R^2|$$

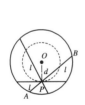
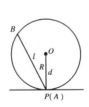
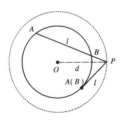

图 11

如把这里的表述同教科书上的表述对比一下就会发现,这里有了运动变化的含义:其一,直线 l 过点 P ,它仍可以绕 P 旋转;其二, P 还可以沿着 $\odot O(d)$ 运动,这时,由于 d 和 R 都是常数,因此 $PA \cdot PB$ 仍是个定值,是 l 绕 P 旋转、 P 在 $\odot O(d)$ 上运动时的不变量.

当然, P 还可以做接近或远离 O 的运动,这时,值

$d^2 - R^2$ 将要发生变化,形成 l 与 $\odot O(R)$ 的不同的位置关系(切线、割线、弦等).

这定理很容易推广到空间(叫作球幂定理):设 P 为球 $O(R)$ 所在空间任一点,l 过 P 与球 O 交(切)于 A,B,设 $OP = d$,则

$$PA \cdot PB = |d^2 - R^2|$$

当 P 不动或沿球 $O(d)$ 运动,l 绕 P 旋转时,$PA \cdot PB$ 总是定值(不变量).

例 2 P 为 $\triangle ABC$ 内或边上任一点,$BC = a$,$CA = b$,$AB = c$,P 到边 BC,CA,AB 的距离分别为 d_a,d_b,d_c,则

$$d_a \sin A + d_b \sin B + d_c \sin C = \frac{abc}{4R^2} \quad (定值)$$

这是杨世明在 20 世纪 60 年代研究加权费马问题时发现的一个定理,因为当 P 在 $\triangle ABC$ 上运动时,d_a,d_b,d_c 都在变化,乘上正弦系数后再相加却成为不变量.

这是两个运动保值的例子.再看两个运动保形的例子.

例 3 $ABCD$ 为平面或空间任意四边封闭折线,E,F,G,H 依次为 AB,BC,CD,DA 的中点,则 $EFGH$ 为平行四边形(图 12).

妙在 A,B,C,D 四点都是动点,因而一般说来,E,F,G,H 四点也在动,但无论怎样,四点总是一个平行四边形的顶点,而且证起来不难且是统一的方法:连对角线 AC(或 BD),用三角形中位线定理就可以了.

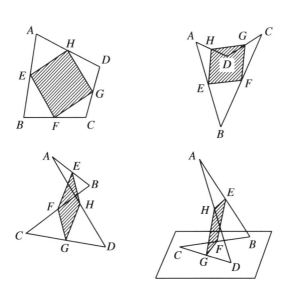

图 12

例 4　$ABCD$ 和 $A'B'C'D'$ 为任意位置的两个正方形,顶点按逆(或顺)时针排列,A_1,B_1,C_1,D_1 依次为 AA',BB',CC',DD' 的中点,则 $A_1B_1C_1D_1$ 也是正方形(图 13).

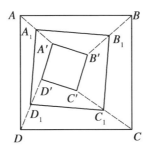

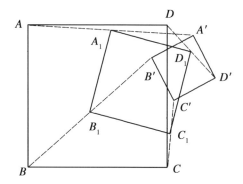

图 13

此题妙在两正方形无论有怎样的相对位置或运动变化,$A_1B_1C_1D_1$ 始终保持正方形的形状,证明的要点则在于应用如下梯形中位线定理的推广定理:

设任意四边形 $ABCD$ 的底 $AB = a$,$CD = b$,E,F 为两腰 AD 和 BC 的中点,EF 与 AB,CD 所成角分别为 α 和 β,则有

$$\begin{cases} a\sin \alpha = b\sin \beta \\ EF^2 = \dfrac{1}{4}\left[a^2 + b^2 + 2ab\cos(\alpha + \beta) \right] \end{cases}$$

这个定理证明起来也不难:连 AC,取 AC 的中点 G,在 $\triangle EFG$ 中运用正、余弦定理就可以了.

这几个例题给我们的深刻印象是:几何学研究的是不是运动变化中的不变量或不变性?

(2)为了印证我们由例子分析中获得的印象,我们可以回顾一下几何学的历史.

大约在公元前 3 世纪,希腊的欧几里得把当时人们已掌握的大量几何事实加以归纳整理,选出若干"原始概念"不予定义,作为定义其他概念的出发点;选出若干"原始命题"不加证明(以为公理或公设),作

44

为推证其他命题的基础,而所有其他概念均由此定义,所有其他命题均由此推证,这样就建成一座"欧氏几何"大厦.但后人研究欧氏几何时,发现其中第五公设表述烦琐,不像一条公理,故想把它作为定理加以证明.两千余年的努力没有成功.俄国人罗巴切夫斯基冒天下之大不韪,用与第五公设相反的命题代替第五公设,推证出一种"非欧几何"(现称罗氏几何),从此打破了欧氏几何唯我独尊的局面(主要是破除了人们"只有一种几何"的僵化认识),从而使多种非欧几何系统破土而出.这自然是数学繁荣发展的表现,但是,几何也就"被分割成许多几乎互不相干的分支,每个分支都是独立地继续发展着".面对这种纷杂的情况,数学家克莱因感到有必要理出一个新的线索,于1872 年,在爱尔兰根大学,做了"关于现代几何学的比较评论"的报告.报告中明确具体地提出了规范几何学的群论原则,以后人们称之为"爱尔兰根纲领",就是设想用连续变换群将各种几何学串通在一起,并给它们各自排定相应的位置,使一种变换群对应于一种几何学,这个变换群的不变(性和量)理论,就是相应的几何学的特征.

(3)克莱因的大胆设想能实现吗?答案是肯定的."爱尔兰根纲领"已经变成现实.为了对此有一个初步而又确切的了解,我们以学过的几何为例略作说明.

我们中学学的是广义的欧氏几何,它对应着两类变换,其中第一类变换有三个:

ⅰ)平移:将每点向同一方向移动同样距离;

ⅱ)旋转:将每点绕一个定点旋转一个定角;

ⅲ)反射:将每点变成它关于定直线的对称点.

ⅰ),ⅱ)两种合称"位移"变换;ⅰ),ⅱ),ⅲ)总称为运动,在运动变换下,几何图形的如下五条性质不变:

1)三点共线(或不共线);

2)直线形状、线段形状与长短;

3)平行关系;

4)两直线间的夹角;

5)三角形面积.

以 G 表示(欧氏)平面中所有运动变换的集合,那么容易证明:

ⅰ)若 $T_1, T_2 \in G$,则 $T_2 T_1 \in G$($T_2 T_1$ 理解为:对一个图形先施行运动变换 T_1,再施行 T_2,因为两次运动的结果相当于一次运动的结果,故有上述结论).

ⅱ)$(T_1 T_2) T_3 = T_1 (T_2 T_3)$(运动变换服从结合律).

ⅲ)存在恒等变换 $T_0 \in G$(即使任何点保持不动的变换),使得对任何 $T \in G$,有 $T_0 T = T T_0 = T$.

ⅳ)对任何 $T \in G$,存在 $T^{-1} \in G$,使 $T^{-1} T = T T^{-1} = T_0$,$T^{-1}$ 叫作 T 的逆变换.(因为若 T 使一个图形 P 变到 $P_1:T(P) = P_1$,就可以把 P_1 反过来变到 P,即可找到 T_1,使 $T_1(P_1) = P$,这时 T_1 就是 T^{-1}.)

正如我们在本章的第 3 节中(见第 28 页)提到的,具有这样的四条性质的集合,就构成群(那里指的是由 $\{\sigma_1, \sigma_2, \cdots, \sigma_n\}$ 构成的置换群),因此,G 关于"乘法"也构成一个群,称为运动变换群,简称运动群.

同样的,它对应的第二类变换是相似变换,即除了保持三点共线性、直线和线段形状、平行关系和两直线夹

角,还保持线段伸缩按一个定比(叫作相似比),所有相似变换的集合 G' 也构成一个群,叫作相似变换群,我们所学习的几何就是研究在 G 和 G' 作用下不变的性质.

2. 由工具到对象

在数学中,由前面我们对数学史中若干重要事件的考查,恐怕不能不产生这样的印象:"转化"本来是我们处理问题的方法、手段、工具,久之则逐渐上升到数学研究对象的地位. 也就是在转化公式

$$A \xrightarrow{(C)} B$$

中转化的方法、手段、工具、原理 C 逐渐变成数学研究的对象,成长为数学的新的分支.

1°　抽象化、符号化过程产生的数学分支.

"隔墙听得客分银,不知人数不知银. 每人 6 两多 5 两,每人 7 两少半斤. 试问先生明算者,多少客人多少银?"

这是一道中国古算名题,注意到古制 1 斤 = 16 两,半斤等于 8 两,设客商数为 x(人)、银数 y(两),马上可列出方程组

$$\begin{cases} y - 6x = 5 \\ 7x - y = 8 \end{cases}$$

解得 $x = 13$,$y = 83$,即客商 13 人,分银 83 两.

这道古算小题很好地体现了数学抽象化、符号化(通常称为形式化抽象)的过程和特征:对现实问题加以抽象概括,然后选设适当的符号系统,把问题用符号确切表述,形成一定的数学形式,求解以后,再通过解释,得到实际问题的解. 这过程可用框图 14 来说明.

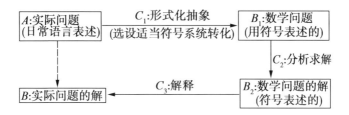

图 14

对于 C 为形式化抽象的研究,可以有不同的层次. 比如,前面我们说过:通过对"字母代数"产生的后果的研究,导致了代数式、方程及整个代数学的研究,这是限制在具体数学层次的研究.

若上升到方法论层次,则对 C(形式化抽象)的研究,将引向数学基础和数学方法论的若干专题,甚至进入数学思维和数学哲学领域,如希尔伯特提出的数学"彻底形式化"的思想和哥德尔"不完全定理";徐利治关于数学抽象度分析的研究等.

2° 对数形转化的研究、开发导致解析几何.

虽然,数形结合"与数学俱来",古已有之,但笛卡儿建立的乃是微观层次上的对应(转化),这种对应有如下特点:在通过建立坐标系确立了平面上的点 P 与有序实数对 (x,y) 的一一对应之后,则某一个图形(如一个圆、一条直线、一个多边形、圆锥截线等)上的点的坐标的集合,将满足一个确定的数学条件,形成方程. 这时,图形的特征将对应着方程的特征,图形的某种变化将对应着方程的一定变化. 因此,可以互相反映,互相利用,从而形成了"解析几何学",随着微积分的发展,又进一步形成"微分几何"等.

3° 对某些"转化的集合"的研究导致了群论.

在前几节,我们在研究方程的求解过程时,曾考虑

由变换 σ 构成的群;按克莱因的构想,曾考虑运动群,这都是一些特有的转化,现在群论已高度发展,形成数学中一个庞大分支.

4°　映射、函数的研究.

如果说群论的研究,其着眼点是在于变换、运动之间的关系和这些转化的集体性质(如在它的作用下的不变量和不变性)的话,那么关于映射、函数的研究,则是它们的个体性质.如对于初等函数的连续性、增减性、奇偶性、周期性的研究等.

如所谓"$3n+1$ 问题":给定自然数 n,进行如下运算

$$T(n) = \begin{cases} 3n+1 & n \text{ 为奇数} \\ \dfrac{n}{2} & n \text{ 为偶数} \end{cases}$$

则库拉兹猜想,无论 n 是什么自然数,反复运算下去,在有限步骤内必得 1. 比如,从 $n=3$ 出发,反复施行 $T(n)$

$$3 \to 10 \to 5 \to 16 \to 8 \to 4 \to 2 \to 1$$

这里 $T(n)$ 是一元运算,同时也就是 $\mathbf{N} \to \mathbf{N}$ 的一个映射.上述问题反映了映射 T 的独特性质.

5°　关系映射反演方法.

对解析几何方法以及对数计算等具体方法做方法论的概括,同时对公式 $A \xrightarrow{(C)} B$ 中的转化方法 C 的限定深化,徐利治、郑毓信等在 20 世纪七八十年代提出了"关系映射反演方法(简称 RMI 方法)",如框图 15 所示.

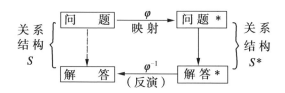

图 15

我们从第 2 章起,也将对 C 的一种限定——化归方法进行深化研究.

3. 数学与"现实"互识

通过数学研究现实的事物实际上包含着相反的两个过程:一是由现实事物 A 到数学问题 B,这时 C 是个抽象过程;二是由数学结论 B^* 到现实含义 A^*,这是个解释过程,如图 16 所示.

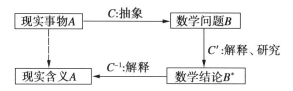

图 16

1° 点子问题与人际关系.

有这样一个问题:平面上有一些点子(有限多个),试问:当任一个动点在平面上运动时,能否同时接近或远离所有的点?

这是一个日常问题,观察图 17,不难看出,动点 Q 若沿箭头所示方向前进,可同时接近所有已知点,反向运动则远离所有点,动点 P 则办不到,它如果接近 A,则必远离 B,为什么 P,Q 会有如此不同的性质呢? 直观的回答是:P 处在已知点子的包围之中,Q 则在其包围之

50

外. 为了更确切地回答, 不妨用数学语言表述如下:

设 $G = \{A_1, A_2, \cdots, A_m\}$ 为一个平面有限点集, 试确定一个平面区域 G', 使得对任何 $X \in G'$, 当 X 无论沿怎样的方向运动(一个适当小的距离)时, XA_i($i = 1, \cdots, m$)中至少有一个增大、一个减小; 而对于平面上任何 $Y \in \overline{G'}$(其中, $\overline{G'}$ 是 G' 的补集, 即由一切不属于 G' 的点构成的集合), 当它沿着某一路径运动(一个适当小的距离)时, 所有 YA_i($i = 1, \cdots, m$)都增大, 或都减小.

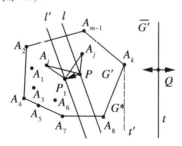

图 17

由于 G 是平面上有限个点的集合, 我们就可以作一个以 G 中的点为顶点的凸多边形 G^* 把它覆盖起来(即使得 G 中的点或在 G^* 内部, 或在其周界上), G^* 就叫作 G 的凸包. 当 G 中的 m 个点不共线时, G^* 不会成为线段. 从实际意义出发, 我们只考虑 m 个点不共线的情形(图 18).

图 18

现在设 P 为 G^* 内部任意一点, PP_1 为 P 沿任一方向运动的适当短的一段路使得 P_1 仍在 G^* 内. 过 P, P_1 分别作 $l \perp PP_1$, $l' \perp PP_1$, 则 l 必与 G^* 周界交于两点, 因此, 在 l 的每侧至少有 G 的一点, 设 A_j 是与 P_1 在 l 异侧的点; 同样, 在 l' 的每侧也有 G 的至少一点, 设 A_i 为与 P 在 l' 异侧的点, 则有

$$A_j P_1 > A_j P, A_i P_1 < A_i P$$

可见, 由 P 到 P_1, 远离了 A_j 而靠近了 A_i.

设 Q 是 G^* 外部的点, 则过 Q 总可作直线 l 与 G^* 不相交, 这时垂直于 t 的两个方向即我们要求的方向. 若 R 是 G^* 周界上的点, 则只存在远离所有点的方向 (垂直其所在边而向外的方向).

这样, 我们就证明了 $G' = G$ 的凸包内部, $\overline{G'} = G$ 的外部和周界.

这个问题的解属于有限点集的一条重要性质. 我们感兴趣的是它有什么实际的含义, 而这要看我们对"点""点集""接近"等如何解释.

比如, 若把"点" $A_1, \cdots, A_m$ 解释为"人", G 为"人群", 距离表示人际关系密切的程度, 则问题的解表明, 一个人要想与所有人都保持良好关系, 就不能过分接近于某人或某些人. 如把点 $A_1, A_2, \cdots, A_m$ 解释为"国家", 距离解释为国际关系, G' 理解为"结盟", 则问题的解表明, 要想同所有国家保持友好关系, 就不能同任何国家或国家集团结盟. 不结盟运动在一个时期的兴旺, 说明小国的这个生存策略是高明的.

此例绝非偶然, 数学公理所制约的数学原始概念, 无实际内容, 说明它们可用于任何符合公理的实际事物, 这也就决定了数学中许多定理、公式、法则、概念往

往都可赋予一定的实际含义或背景,通过适当"解释",大都可导出有意义的思想、原则,用来认识自然、社会或思维中的问题. 如果我们仿照计算机科学,把前者叫作"硬数学",后者叫作"软数学"的话,那么数学的这种"解释",就是硬向软的转化,抽象向具体的转化,定量向定性的转化,数学形式化符号语言向日常的普通语言的转化.

2° 斯图尔特的高见.

我们知道,12世纪意大利数学家斐波那契,在他的《算盘书》里搜集了一道民间算题:

有人年初买了一对大兔,已知每对大兔一个月生一对小兔,小兔一个月就长大. 那么此人年终有多少对兔子?

我们把问题一般化:求第n个月的兔数,把大小兔分开求,设第n个月此人有大兔u_n对,小兔v_n对,兔子总对数为f_n,列表计算如下:

月份n	1	2	3	4	5	6	7	8	9	10	11	12	13	14
大兔对数u_n	1	1	2	3	5	8	13	21	34	55	89	144	233	
小兔对数v_n	0	1	1	2	3	5	8	13	21	34	55	89	144	
总对数f_n	1	2	3	5	8	13	21	34	55	89	114	233		

表中"—"表示:大兔仍保持是大兔;"╱"表示"长大",小兔长成大兔;"╲"表示"生出",大兔生小兔. 由表中不难看出:$u_1 = u_2 = 1$,$u_3 = u_1 + u_2$,$u_4 = u_2 + u_3$,…,事实上,由于$u_n = u_{n-1} + v_{n-1}$,$v_{n-1} = u_{n-2}$,因此有

$$\begin{cases} u_1 = u_2 = 1 \\ u_n = u_{n-1} + u_{n-2} \end{cases} \qquad ①$$

人们把符合条件①的数列$\{u_n\}$称为斐波那契数列. 有趣的是,20世纪的六七十年代,美国人吉弗曾用分数

串 $\left\{ \begin{array}{c} u_n \\ u_n+1 \end{array} \right\}$ 安排科学试验中的实验点,还发现它与欧几里得的黄金分割数、二次方程 $x^2 + x - 1 = 0$、连分数

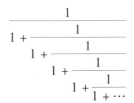

之间的奇妙联系.

更为有趣的是,这一串由兔子问题产生的数:3,5,8,13,21,89 成为花的瓣数中存在的一个奇特模式. 几乎所有的花,其瓣数都在这串数中:百合花 3 瓣;毛茛属植物花有 5 瓣;许多翠雀属植物花有 8 瓣;万寿菊花 13 瓣;紫菀属植物花有 21 瓣;大多数雏菊为 34,55 或 89 瓣;其他瓣数则很少. 这个现象在几个世纪前就被发现了,以后又被广泛研究,但始终找不到一个令人信服的说明,这样一直持续到 1993 年.

在《自然之数——数学想象的虚幻实境》(斯图尔特著)这本书中谈道:按传统生物学的观点,花的基因决定一切. 但研究发现,活的生物的有些形态特征确实基于基因,而有些形态特征则是生长过程中的物理、化学和动力学因素作用的结果,而后者具有一定的数学规律. 花瓣数不是呈现数学规律的唯一的例子. 比如,观察大向日葵,你会发现子盘中的小花呈现两族相向螺线排列. 有些品种顺时针螺线数是 34,逆时针的为 55;也有的是 55 和 89,甚至是 89 和 144;又如菠萝有 8 行向左旋的鳞苞,还有 13 行向右旋的鳞苞. 关于植物叶、花、种子排列的研究,最出色的结果来自于法国数学物理学家斯特凡娜·杜阿迪和伊夫·库代最新的工

作,他们提出了一个植物生长动力学理论,并用计算机模拟和实验室实验证明了这一理论阐明的"斐波那契模式". 实验是用置于垂直磁场中充满硅油的圆碟做的. 他们让可磁化的液体以规则的时间间隔一滴滴滴落中央,液滴被磁化,互相排斥. 通过使碟边缘处磁场比中央强,产生一个半径方向的推力,于是液滴相继以很接近于黄金分割角($137.5° = 360° (1 - h)$,$h = \dfrac{\sqrt{5} - 1}{2}$)的发散角进入一条螺线,产生了交错螺线的向日葵子盘模式. 而观察植物发育时期相邻原基(将发育成叶子、花瓣、萼片、小花等)与尖顶连线的夹角正是 $137.5°$. 又 $\lim\limits_{n \to \infty} \dfrac{u_{n-1}}{u_n} = h$,这就说明了花瓣按 $\{u_n\}$ 的前几项出现的原因.

鉴于这种情况,以及其他一些例子,都是用数学帮助阐明宇宙间事物的千姿百态,斯图尔特建议:建立一种新型的数学——形态数学,以补充其定量中定性之不足,看来是不无道理的.

3° 简单通向混沌.

一般认为,简单的原因只能造成简单的后果,而复杂的事物,往往原因也很复杂. 其实并不尽然. 在数学中就可以举出很多例子,说明简单的原因,可以产生复杂的结果;反之,许多复杂的看似无规律可循的事物(称为混沌),其成因是很简单的.

(1)一个充满禅机的数.

谈祥柏是我国著名的科普作家,在1996 年出版的《谈祥柏科普文集》中,有一个令人深思的故事:

费曼是20 世纪杰出的物理学家,在理论和实践两方面都有极深的造诣,文学修养也高人一等,涉笔成趣,富有文采,连没有生命的无机物,在他笔下也变得栩栩如生. 他的自传体小说《费曼先生,你肯定是在开玩笑》更是传世佳作. 书中记录了他和一批科学家研制原子弹的秘闻. 在该书 116 页上,他注意到一个神奇的分数

$$\frac{1}{243} = 0.004\ 115\ 226\ 337\ 448\ 559\ 670\ 781\cdots$$

其数字排列井然,大大地违反了一般常规,不由使人大吃一惊. 费曼回忆,当时他曾写信,把这一情况向原子弹绝密规划的督导官兼保密检查员汇报,后者非常怀疑是个密码. 费曼回信坦然相告:此数的小数展开式在 855…之后显得有点杂乱无章起来,但旋即康复如初,又恢复了其神奇的规律性……

然后谈先生按"叠加法"分析了它的结构说:"我们看到的竟然就是那个不存在一点偏差的循环小数,所谓有点乱,其实一点不乱." 不过无论如何,你得承认 $\frac{1}{243}$ 确是一个充满着禅机的数,这"禅机"是什么?

事实上,陕西一位中学生赖浩波早在 1990 年就发现了有些循环小数数字排列是某种有简单规律的数列的合成. 如

$$\frac{1}{3^{4}} = \frac{1}{81} = 0.\dot{0}1234567\dot{9}$$

$$\begin{array}{r} 012 \\ 034 \\ 056 \\ 078 \\ 100 \\ \hline 012345679 \end{array}$$

　　它乃是等差数列 $12,34,56,78,100,\cdots$ 错位相加的结果.

$$\frac{1}{3^5}=\frac{1}{243}=0.\dot{0}0\ 411\ 522\ 633\ 744\ 855\ 967\ 078\ 189\ \dot{3}$$

$$
\begin{array}{l}
0\ 411 \qquad\qquad\qquad\qquad\qquad\qquad 1\ 299 \\
\quad\ 0\ 522 \qquad\qquad\qquad\qquad 1\ 188 \quad 1410 \\
\qquad\ 0\ 633 \qquad\qquad 1\ 077 \qquad\qquad \cdots \\
\qquad\quad\ 0\ 744 \quad 0\ 966 \\
\qquad\qquad\ 0\ 855
\end{array}
$$

$$\overline{\ 0.00\ 411\ 522\ 633\ 744\ 855\ 967\ 078\ 189\ \dot{3}0041\ }$$

可见,它是等差数列 $411,522,633,744,855,966,$
$1\ 077,1\ 188,1\ 299,\cdots$ 或 $004,115,226,337,448,\cdots$
错位叠加的结果.

$$\frac{1}{7}=0.\dot{1}4285\dot{7}$$

$$
\begin{array}{l}
0\ 14 \qquad\quad 224 \\
\quad\ 028\ \ 112\ \ 448 \\
\qquad\ 056 \qquad 896 \\
\qquad\qquad\quad\ 1792\cdots
\end{array}
$$

$$\overline{\ 0.1428571428571\cdots\ }$$

它是等比数列 $14,28,56,112,224,448,896,\cdots$ 叠加的
结果.

$$\frac{1}{7^2}=0.\dot{0}20408163265306122448979591836734693877551\dot{0}$$

$$
\begin{array}{l}
020408163264 \qquad\qquad\qquad 16384 \\
\qquad\quad\ 128 \qquad\qquad 8192 \\
\qquad\ 256 \quad 4096 \ \ 32768 \\
\qquad\ 5122048 \qquad 65536 \\
\qquad 1024 \qquad\qquad 131072 \\
\qquad\qquad\qquad\qquad 262144 \\
\qquad\qquad\qquad\qquad 524288 \\
\qquad\qquad\qquad\qquad 1048576 \\
\qquad\qquad\qquad\qquad 2097152 \\
\qquad\qquad\qquad\qquad\ 4194304 \\
\qquad\qquad\qquad\qquad\quad 83886\cdots \\
\qquad\qquad\qquad\qquad\qquad 1677\cdots
\end{array}
$$

$$\overline{\ 0.\dot{0}20408163264 \qquad \cdots \qquad \cdots \qquad \cdots \qquad \cdots 755\dot{1}\ }$$

它是等比数列 $2,2^2,2^3,2^4,\cdots,2^{24},2^{25},\cdots$ 叠加的结果.

但是哪些分数化成小数是哪种数列叠加的结果,其中还有什么规律尚不清楚,进而,等比数列 $10,100,$ $1\,000,10\,000,\cdots$ 叠合的数

$$\alpha = 0.101\,001\,000\,100\,00\cdots$$

则是个无理数.另外,像埃拉托塞尼斯筛法,从自然数列中,依次筛去一些等差数列(规律很明确),最后得一定范围内的素数,其规律却十分隐秘.

(2)"黑洞数"的故事.看下面这道题目:

一个数字不同的三位数,按由大到小和由小到大排列数字各得一数,前者减去后者又得一数;对这数再做同样处理.最终必得 495.为什么?

让我们试算一下

$372:732-237=495,954-459=495$

$186:861-168=693,963-369=594,954-459=495$

不必再试算,可一般证明如下:任给三位数 $\overline{b_3b_2b_1}$,不妨设 $b_3>b_2>b_1$,按要求(应用竖式)

$$
\begin{array}{r}
\overline{b_3\quad b_2\quad b_1}\\
-)\overline{b_1\quad b_2\quad b_3}\\
\hline
\overline{(b_3-1-b_1)9(10+b_1-b_3)}
\end{array}
$$

这时,所得数首末位数字和 $(b_3-1-b_1)+(10+b_1-b_3)=9$. 可见,只需考虑 $198,297,396,495$,直接验算即知.

上述对数的变换过程,只需 $b_1\neq b_3$ 即可.另外,$211-112=99$,为了保证每次均是三位数,须写成 $211-112=099$. 此变换可简称重排求差.四位数如何?以 $1\,342$ 为例

$$4\ 321 - 1\ 234 = 3\ 087, 8\ 730 - 0\ 378 = 8\ 352$$
$$8\ 532 - 2\ 358 = 6\ 174, 7\ 641 - 1\ 467 = 6\ 174$$

6 174 就是四位数重排求差的归宿(据说印度人曾求得此数,称为陷阱数).

再试两位数:设任给$\overline{a_2 a_1}(a_2 > a_1)$,则
$$\overline{a_2 a_1} - \overline{a_1 a_2} = \overline{(a_2 - 1 - a_1)(10 + a_1 - a_2)}$$
$$(a_2 - 1 - a_1) + (10 + a_1 - a_2) = 9$$

仅须考虑:09,18,27,$\cdots$,81,90,结果发现,没有单个数可作众数归宿,而是形成一个圈("→"表示重排求差):09→81→63→27→45→09. 这圈的基本性质是:任一由两个不同数字排成的数,最多经两次重排求差,必进入这圈,且一旦进入,永不得出,因而称为"黑洞数".

现在对"黑洞数问题"作一般的表述:

以N_m表示由m个不尽相同的数字排成的自然数(包括形如$0\cdots012$式的数)的集合,对$n \in N_m$,$T(n)$表示将n的数字重排以其最大者减去最小者的差($T(n) \in N_m$,称为重排差). 于是就构成以N_m为顶点集,以$T(n)$为弧集的有向图(N_m, T). 如有$n_1, n_2, \cdots, n_k \in N_m$,使
$$T(n_1) = n_2, T(n_2) = n_3, \cdots, T(n_{k-1}) = n_k, T(n_k) = n_1$$
$$(\text{其中}\ n_1, \cdots, n_k\ \text{互不相同})$$
则$(n_1, \cdots, n_k)$形成(N_m, T)中的一个圈,谓之黑洞,$n_1, \cdots, n_k$叫作m位黑洞数. 如(N_2, T)中有一个洞(09,81,63,27,45),(N_3, T)中有一个洞(495),(N_4, T)中有一个洞(6174),(N_5, T)中有三个洞(63954,61974,82962,75933),(62964,71973,83952,74943),(53955,59994). 一般的,由于 card $N_m = 10^m - 10$(即

N_m 有有限个元素),而 T 可无限次地进行下去,根据 "抽屉原则",即有:

黑洞数存在定理 对任何 $m \geq 2$, $m \in \mathbf{N}$,图 (N_m, T) 中必有黑洞.

这样,就拉开了我国自 20 世纪 80 年代末开始的 黑洞数问题以及一般映射数列问题研究的序幕. 而事 实表明,10 年来,我国映射数列以及整个初等数学研 究硕果累累,且正在走向世界.

如果我们把 (N_m, T) 看作一个由 T 生成的动力系 统或混沌系统,则其中的"黑洞"就是它的"奇异吸引 子",它反映了迭代变换 T 的特性.

(3)科克雪花曲线分析.

设有长为 a 的线段,把它分为三等份,在中间一段 上作一个等边三角形,我们把这个变换记作 T,而由 a 变换 T 构成的折线的长度记作 $T(a)$,则易见(图 19)

$$T(a) = \frac{4}{3}a.$$

作边长为 1 的正三角形(着蓝色),然后对每边实 施变换 $T(1)$(向外侧,如图 20 所示),将三个新增的 边长为 $\frac{1}{3}$ 的正三角形着粉色;于是得一六角星,对六角 星的 12 边各向外侧实施 $T\left(\frac{1}{3}\right)$,并将所得 12 个边长 为 $\frac{1}{9}$ 的小等边三角形着红色,于是得边长为 $\frac{1}{9}$ 的 18 角 星. 在适当部位继续施行 T,直到无穷,则所得图形的 边缘就是精美的科克雪花曲线,它有什么特点?

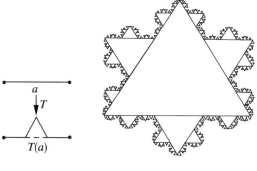

图 19　　　　　　　图 20

1）曲线长度是无穷大. 事实上, 原三角形周长 $L_0 = 3$, 第 1 次变换后, 长为 $L_1 = T(L_0) = 3 \times \dfrac{4}{3}$, 第 2 次变换后, 长为 $L_2 = T(L_1) = 3 \times \left(\dfrac{4}{3}\right)^2$, ……, 第 n 次变换后, 长为 $L_n = 3 \times \left(\dfrac{4}{3}\right)^n$, "无限次"操作下去, 有

$$L = \lim_{n \to \infty} L_n = \lim_{n \to \infty} 3\left(\dfrac{4}{3}\right)^n = \infty$$

2）所围面积是有限的, 因为无论怎样操作, 它总越不出原三角形的外接圆, 也可以算一算. 设原三角形的面积为 Δ, 则第一次施行 T 后, 增加 $3 \times \dfrac{1}{9}\Delta$, 第二次施行 T 后, 又增加 $12 \times \dfrac{1}{9^2}\Delta$, ……于是科克曲线围出的面积是

$$k = \Delta + 3 \times \dfrac{\Delta}{9} + 3 \times 4 \times \dfrac{\Delta}{9^2} + 3 \times 16 \times \dfrac{\Delta}{27^2} + 3 \times 64 \times \dfrac{\Delta}{81^2} + \cdots$$

$$= \Delta\left(1 + \dfrac{1}{3} + \dfrac{2^2}{3^3} + \dfrac{2^4}{3^5} + \dfrac{2^6}{3^7} + \cdots\right)$$

$$= \Delta + \frac{\Delta}{3}\left(1 + \frac{2^2}{3^2} + \frac{2^4}{3^4} + \frac{2^6}{3^6} + \cdots\right)$$

$$= \Delta + \frac{\Delta}{3} \times \frac{1}{1 - \frac{4}{9}} = \frac{8}{5}\Delta$$

3)曲线无处光滑,即任何一处均无切线,它是一条不断变动中的类似于锯齿形的曲线.

4)曲线有精细结构:就是说,取其任何一小段,用显微镜放大,看到的是同原图一样的曲线,再取小一点,放大仍然如此,即它是自相似的,远看近看一个样.

5)它是一个"分形"(维数是分数的图形),也就是说,虽然画在平面上,它却不是个规则的一维或二维图形,它的维数 k 介于 1 和 2 之间,$k = 1.2618$,这个数是曼德尔勃罗算出来的,"分形"这个名字也是他起的.

4° 混沌初识.

前面提到的三个数学事例,向我们透露出当前世界科学界关注的一个热点:混沌研究. 20 世纪 70 年代,美国和欧洲少数科学家开始寻找认识无序的门径. 他们是数学家、物理学家、生物学家和化学家,他们都在寻求各种不同的不规则现象之间的联系,从中找到了自然界中一个组织原则,从混沌中发现了惊人的有序. 10 年之后,混沌已经成为一种迅速发展的运动的简称,而这个运动正在改变着整个科学建筑的结构. 这门新科学产生了自己的语言,即分形和分岔、阵发和周期,叠毛巾微分同胚和光滑面条映象等名词. 对一些物理学家来说,混沌是过程的科学而不是状态的科学,是演化的科学而不是存在的科学.

混沌是什么? 不到 20 岁的混沌科学还不能一口回答这个问题. 上面我们已经举出了物理学家的回

答,他们还主张,混沌是 20 世纪物理科学的第三次大革命.而"混沌作为一种数学现象已得到充分证实".前面介绍的三个例子提供了从数学(分别从算术、代数和几何)角度初步认识混沌的机会.

　　首先,三个例子中,我们都是从简单的对象(等差等比数列、一个自然数或一个三角形)出发,通过简单的变化(叠加、重排求差或迭代),产生出颇为复杂的结果.这些平易的数学例子向我们展示了混沌的许多特征.如简单的原因未必产生简单的结果,确定的原因未必产生规则的结果,"奇异吸引子"(黑洞)现象,无论从一个什么数出发,经有限次数重排求差,总会落入某个黑洞,正如无论从空中何处抛下还是从水面下释放一个乒乓球,最后它总会浮在水面,水面就是这一系统的"奇异吸引子".

　　混沌是一个复杂的动态过程,它以极其隐藏的方式依赖其初始条件.我们在三个例子中都看到了这一点.混沌不是无规则的,它是由精确规律产生的貌似无规则的行为,混沌是隐秘形式的秩序.

　　科学在传统上看重秩序,但我们正开始认识到混沌能给科学带来独特的好处.混沌更容易对外部刺激做出快速反应.比如,试想足球运动员在比赛时的行动:他们站着不动吗? 有规律地来回移动吗? 都不行.他们各自无序跑动,一方面为了扰乱对手,一方面是准备对任何方向、位置的来球做出快速反应.他们是按照"混沌规律"行事,是一种混沌行为.

　　"教学有方,教无定法",说明教学需要随机应变,临场发挥.现在电视教学多是背教案,照本宣科,大约是要求教师按"决定论教学思想"行事的结果.同样的,"学有方,无定法"也是真理,混沌理论要求活的生物为了对变化的环境做出快速反应,必须呈现混沌行为. 我们从数学的几个有趣的例子中,初识的这些"混沌规律",对于冲破偏见、开阔思路,提高我们的学习和生活水平,也许是不无益处的!

化　归

第 2 章

第 1 节　数学的思维方式

数学(家)特有的思维方式是什么?

如着重从量的方面考虑问题,经常通过运用符号进行形式化抽象,在一个概念和公理体系内实施推理计算,先归纳后演绎,运用模型思维等. 但若从"转化"这个侧面回答问题,又将如何呢?匈牙利女数学家路莎·彼得在《无穷的玩艺》一书中,讲了一则脍炙人口的故事,大意是:

"现有煤气灶、水龙头、水壶,当你要烧开水,应怎样做呢?"

答曰:"在壶里注满水,放在灶上,点燃煤气即可."

"这自然是正确的,但若壶中已灌满了水呢?"

这时,"灵活"的人可能说:"放在灶上,点燃煤气就可以了."数学家的回答则是:"把水倒掉",就化成原问题了.

65

路莎评论说:"如上所述的推理过程,作为数学家的思维来说,是很典型的. 他们往往不对问题进行正面攻击,而是不断地将它变形,直至把它转化为已经能够解决的问题."

我们不能事事从头来,每遇问题,总是设法把它转化为一个已知的、熟悉的、能解的问题,这确实是数学中的一个习惯,也是一个有力的武器,这种特有的转化我们称之为"化归",就是"通过转化归结到……"的意思.

1. 运算与化归

例1 计算$\left(\dfrac{2}{3} + \pi i\right) + \left(\dfrac{1}{2} - \sqrt{2}\,i\right)$(精确到百分位).

解 根据题意,有

$$\left(\dfrac{2}{3} + \pi i\right) + \left(\dfrac{1}{2} - \sqrt{2}\,i\right)$$
$$= \left(\dfrac{2}{3} + \dfrac{1}{2}\right) + \left(\pi - \sqrt{2}\right)i$$
$$\approx (0.667 + 0.500) + (3.142 - 1.414)i$$
$$\approx 1.17 + 1.73i$$

这样,虚数(复数)的加法就化成实数的加法,然后再化成有理数的加法.

例2 计算:$\lg 125 + \lg \left(\sqrt{2} \times \sqrt{32}\right)$.

解
$$原式 = \lg 5^3 + \lg \sqrt{2 \times 2^5}$$
$$= 3\lg 5 + \lg \sqrt{2^6}$$
$$= 3\lg 5 + \lg 2^3$$
$$= 3(\lg 5 + \lg 2)$$
$$= 3 \times \lg 10$$
$$= 3$$

66

这说明,根式运算、乘方运算、指数和对数的运算,也化成有理数的四则运算.

有理数减法法则是:

减去一个数,等于加上这个数的相反数.

可见,有理数减法又化成加法来算. 我们来看看"有理数加法法则":

(1)同号两数相加,取相同的符号,并把绝对值相加.

(2)绝对值不相等的异号两数相加,取绝对值较大的加数的符号,并用较大的绝对值减去较小的绝对值,互为相反数的两个数相加得 0.

(3)一个数同 0 相加,仍得这个数.

可见,除了确定符号的法则是新的,有理数加法化成了非负数的加、减法. 同样的,有理数的乘除法除了符号法则(同号得正,异号得负),也化成非负数的乘除法.

仔细回顾一下就会想到:减法作为加法的逆运算,实际上也是化成加法来算的;除法实际上是用乘法和减法来算,多位数的乘法又可化为一位数的乘法和加法,分数的四则运算又可化为整数四则运算;总之,有理数的四则运算都可化为非负整数的加法和一位数的乘法.

最后,一位数的乘法按"乘法表",即"九九歌",那是作为加法的简捷计算而编制的;而多位数的加法,多个加数的加法,由于有交换律和结合律,最后归结为两个一位数相加. 中小学课本中关于数的三级六种代数运算及指、对数两种超越运算的化归过程,大体如图 21 所示,其中 C 表示有关的法则算律. 体味这个过程,是颇有启发的. 原来,儿童时代的数数是我们每个人学会复杂计算的基础.

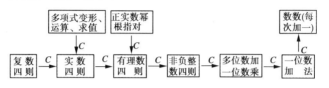

图 21

2. 面积公式的推证

中小学数学里有多条化归线,"数的运算"是其中一条,"面积推证"又是一条,我们来整理这条线.

什么是封闭平面图形的面积? 通常理解为"这图形所占的(即它的边界所围出的)平面部分的大小". 但此说法太笼统,难以具体地求出这个"大小". 说得确切一点是:

对任一封闭的平面图形 Q,如果能确定一个非负数 $M(Q)$,满足条件(公理):

I. 若 $Q_1 \cong Q_2$,则 $M(Q_1) = M(Q_2)$;

II. (可加性,出入相补原理)若 Q 被分割成若干部分:$Q_1, Q_2, \cdots, Q_n$,则

$$M(Q) = \sum_{i=1}^{n} M(Q_i)$$

那么 $M(Q)$ 就叫作 Q 的面积.

为了具体地算出面积,须选择一个边长为 1 的正方形作为面积单位(称为单位正方形),并且依次用边长为 $10, 100, 1\,000$ 以及 $\frac{1}{10}, \frac{1}{100}, \cdots$ 的正方形构成辅助的系列单位. 于是:

（1）通过把长为 a、宽为 b 的矩形以两组平行线划分成单位正方形的方法（先证量数为整数，再证为分数，最后采用"有理数逼近实数"的方法论证 a,b 中有无理数的情形），证明

$$S_{矩形} = ab \qquad ①$$

（现行教科书作为面积公理予以承认）

（2）继之，通过割补法（通过有限割补，把平行四边形化成矩形，如图 22 所示）证明底为 a、高为 h 的平行四边形（应用公式①），有

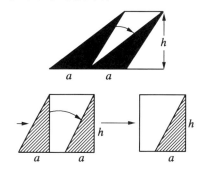

图 22

$$S_{平行四边形} = ah \qquad ②$$

（3）通过把底为 a、高为 h_a 的三角形补成平行四边形的方法，求得（应用②和公理 I）

$$S_{\triangle} = \frac{1}{2}ah_a \qquad ③$$

（4）应用勾股定理、三角函数的有关知识，从③出发，可推导出多个三角形面积公式，如：

$$S_{\triangle} = \frac{1}{2}ab\sin C. \text{（两边夹角公式）}$$

$$S_{\triangle} = \frac{a^2\sin B\sin C}{\sin(B+C)}. \text{（两角夹边公式）}$$

$$S_\triangle = \sqrt{p p_a p_b p_c} = \sqrt{\frac{1}{4} - \left[a^2 b^2 - \left(\frac{a^2 + b^2 - c^2}{4} \right)^2 \right]}.$$

（海伦 – 秦九韶三斜求积公式）

$S_\triangle = \dfrac{abc}{4R}.$ 其中 a, b, c 分别为 $\triangle ABC$ 中 A, B, C 的

对边, $p = \dfrac{a + b + c}{2}, p_a = p - a, p_b = p - b, p_c = p - c, R$ 为

外接圆半径.

（5）多边形面积可以以不同方式划分成三角形面积来求.

（6）梯形面积可如图 23 这样,用多种方式割补成平行四边形或三角形来求,则上下底和高分别为 b, a 和 h 的梯形面积为

$$S_{梯形} = \frac{1}{2}(a + b)h$$

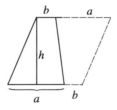

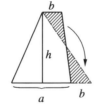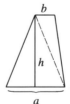

图 23

（7）任意凸四边形 $ABCD$ 的面积公式可如下推导（符号见图 24）:一方面

70

$$S_{\text{任意四边形}} = \frac{1}{2}ab\sin A + \frac{1}{2}cd\sin C$$

另一方面

$$a^2 + b^2 - 2ab\cos A = c^2 + d^2 - 2cd\cos C \qquad ④$$

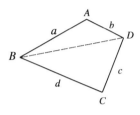

图 24

所以

$$16S_{\text{任意四边形}}^2 = 4a^2b^2\sin^2 A + 4c^2d^2\sin^2 C + 8abcd\sin A\sin C$$

又由④

$$(a^2 + b^2 - c^2 - d^2)^2 = 4a^2b^2\cos^2 A + 4c^2d^2\cos^2 C - 8abcd\cos A\cos C$$

两式相加,设 $A + C = \theta$,应用

$$\sin^2 x + \cos^2 x = 1$$

$$\sin x\sin y - \cos x\cos y = -\cos(x + y)$$

$$1 + \cos\theta = 2\cos^2\frac{\theta}{2}$$

得

$$16S_{\text{任意四边形}}^2 + (a^2 + b^2 - c^2 - d^2) = 4(a^2b^2 + c^2d^2) - 8abcd\cos\theta$$

$$= 4(ab + cd)^2 - 16abcd\cos^2\frac{\theta}{2}$$

记 $a + b + c + d = 2p, p - a = p_a, p - b = p_b, p - c = p_c, p - d = p_d$,把上式加以整理,得

$$S_{\text{任意四边形}} = \sqrt{p_a p_b p_c p_d - abcd\cos^2\frac{\theta}{2}} \qquad ⑤$$

当四边形 $ABCD$ 内接于圆时, $A + C = \theta = \pi$, ⑤成为

$$S_{圆内接四边形} = \sqrt{p_a p_b p_c p_d} \qquad ⑥$$

（8）圆的面积公式可用刘徽割圆术（用内接与外切正多边形系列夹逼）推导

$$S_{圆} = \pi R^2$$

面积推证这条化归线可通过图 25 表示.

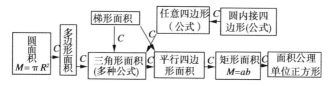

图 25

3. 向"基本图形"化归

先看一道流行的趣题:在四边形 $ABCD$ 中, $AB = CD$, E, F 分别为 AD 和 BC 的中点, 已知直线 AB, CD 与直线 FE 交于 K, S, 则 $\angle AKF = \angle CSF$.

先按题意构图(图 26), 构图中发现:如直线 AB 与 EF 相交的话, CD 与 EF 也必相交, 且交点 K, S 在 F 的同一侧, 如果 $AD \nparallel BC$, 则 K, S 必不重合.

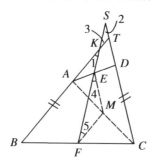

图 26

图已画出, 现在要证的是 $\angle 1 = \angle 2$, 怎么证？在一

72

般情况($AD \nparallel BC$)下,这里既无相似,更无全等可言.
一条明显的思路是设 AB,CD 交于 T,通过"对顶角"把
$\angle 1$ 转到 $\angle 3$,如可证明 $\triangle KST$ 是等腰三角形就好了,
可是怎样证? 这里出现了一个"对顶角"和一个要证
的等腰三角形两个基本图形,可是远离已知条件.

文章还要在四边形 $ABCD$ 中来做. 这时,有两点"理
由"促使我们联结对角线 AC(或 BD)并取其中点 M:一
是"研究四边形常用其对角线";二是"见中点,连中位
线,以构造与中位线定理关联的基本图形". 连 EM,FM,
这时,我们看到,出现了 5 个基本图形:两个中位线定理
的、一个同位角的、一个内错角的、一个等腰三角形的.

因为 E,M 分别是 AD,AC 的中点,所以 $EM \underline{\underline{\parallel}} \dfrac{1}{2}$
CD,$\angle 2 = \angle 4$(同位角相等). 同理 $FM \underline{\underline{\parallel}} \dfrac{1}{2} AB$,$\angle 5 =$
$\angle 1$(内错角相等). 但已知 $AB = CD$,所以 $EM = FM$,所以
$\angle 4 = \angle 5$. 又 $\angle 2 = \angle 4$,$\angle 1 = \angle 5$(已证),所以 $\angle 1 = \angle 2$.

证明的过程正是通过作辅助线集中已知和未知元
素的过程,是向基本图形化归的过程.

我们证明的是关于等腰四边形的一条性质:"等
腰四边形两底中点连线与两腰成等角",因为四边形
的腰、底是相对的,因此,也可以说成:等底四边形两腰
中点连线与两底成等角.

此命题证明的关键之举在于"连对角线 AC,取其中
点 M",此举略做推广,就可以证明关于四边形性质(以
及一般四边封闭折线性质)的一个相当广泛的命题:

设任意四边封闭折线 $ABCD$ 的底 $AB = a$,$CD = b$,
E,F 为两腰 AD,BC 的 $m:n$ 分点,EF 与 AB,CD 所成角
分别为 α,β,记 $EF = d(m,n)$(如图 27 所示),则

$$\begin{cases} na\sin\alpha = mb\sin\beta \\ d^2(m,n) = \dfrac{1}{(m+n)^2}[n^2a^2 + m^2b^2 + 2mnab\cos(\alpha+\beta)] \end{cases}$$

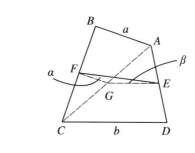

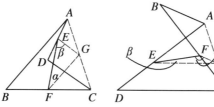

图 27

图中画出了四边封闭折线的三种情形:凸四边形、凹四边形和蝶形.

我们来证证看:

连对角线 AC,取 AC 的 $m:n$ 分点 G,连 EG,FG. 在 $\triangle ACD$ 中,因为

$$AG:GC = AE:ED = m:n$$

所以

$$EG \underline{\underline{/\!/}} \frac{m}{m+n}CD$$

$$\angle FEG = EF \text{ 与 } CD \text{ 所成的角 } \beta$$

在 $\triangle CAB$ 中,因为

$$CG:GA = CF:FB = n:m$$

所以

74

$$FG \underset{=}{\parallel} \frac{n}{m+n} AB$$

$$\angle GFE = EF \text{ 与 } AB \text{ 所成的角 } \alpha$$

在 △EFG 中,$\angle F = \alpha$,$\angle E = \beta$,$EG = \dfrac{m}{m+n}CD =$

$\dfrac{mb}{m+n}$,$FG = \dfrac{n}{m+n}AB = \dfrac{na}{m+n}$,$EF = d(m,n)$. 应用正、余弦定理,即得

$$\frac{\dfrac{mb}{m+n}}{\sin \alpha} = \frac{\dfrac{na}{m+n}}{\sin \beta}$$

所以 $\qquad na\sin \alpha = mb\sin \beta$

这就是前一式,又

$$d^2(m,n) = EF^2 = EG^2 + FG^2 - 2EG \cdot FG\cos G$$

$$= \left(\frac{mb}{m+n}\right)^2 + \left(\frac{na}{m+n}\right)^2 -$$

$$2\frac{mb}{m+n} \cdot \frac{na}{m+n}\cos[180° - (\alpha + \beta)]$$

$$= \frac{1}{(m+n)^2}[n^2a^2 + m^2b^2 + 2mnab\cos(\alpha + \beta)]$$

这就是要证的.

在这重要命题的证明中,关键步骤是向 5 个基本图形化归的"连对角线 AC,取 $m:n$ 分点 G……",本书第 43 页例 4 中曾用到 $m = n$ 的特例.

向基本图形化归是平面几何证题的一般规律,以后我们还要谈到.

4. 向基本函数和运算化归

看这样一道小题:已知 $f(x) = ax^3 + bx - 7$,其中

a,b 为常数,且 $f(13)=25$,则 $f(-13)=$ _____.

一见此题,立即想到:要是能确定 a,b 就好了(因 a,b 是待定常数).但只给了一个条件 $f(13)=25$,不可能确定两个常数.有无隐含条件? 仔细观察式子结构 $ax^3+bx-7,13$ 和 -13 为相反数,这提示我们什么? 若 $f(x)$ 为奇函数或偶函数就好了.现在 $f(x)$ 的一部分 ax^3+bx 是奇函数,就是:$f(x)+7$ 是奇函数,这点"灵感"促使我们:

设 $f(x)=\varphi(x)-7$,则
$$\varphi(x)=f(x)+7=ax^3+bx$$

为奇函数.

因为
$$f(13)=25$$

所以
$$\varphi(13)=f(13)+7=32$$
$$\varphi(-13)=-\varphi(13)=-32$$
$$f(-13)=\varphi(-13)-7=-39$$

这就是:把一个一般函数的求值问题,化归成一个奇函数 $\varphi(x)$(和一个偶函数 $\psi(x)=-7$)的求值问题了.而 ax^3+bx 只起到判断奇偶的作用.这启发我们联想:是不是任何一个定义在对称区间上的函数都可"拆"成一个奇函数和一个偶函数? 这个思想是深刻的,因可"拆成"两个,就可"拆"成多个,此乃"函数展开"的思想萌芽.事实上,我们证明了如下命题:

设 $f(x)$ 是定义在对称区间 D 上的函数,则存在 D 上的一个奇函数 $\varphi(x)$ 和一个偶函数 $\psi(x)$,使得
$$f(x)=\varphi(x)+\psi(x) \qquad ①$$

证明并不难,应用构造法:因 D 关于原点对称,故若 $f(x)$ 有意义,则 $f(-x)$ 亦然.这样,就可把①当成

"方程"来解. 现在, 设①成立, 则
$$f(-x) = \varphi(-x) + \psi(-x) = -\varphi(x) + \psi(x)$$
(因 $\varphi(x)$ 是奇函数而 $\psi(x)$ 是偶函数), 于是
$$\begin{cases} \varphi(x) + \psi(x) = f(x) \\ -\varphi(x) + \psi(x) = f(-x) \end{cases}$$
解之, 得
$$\varphi(x) = \frac{1}{2}[f(x) - f(-x)]$$

$$\psi(x) = \frac{1}{2}[f(x) + f(-x)]$$

命题得证.

本题的解法说明了数学中又一条重要的化归线: 向基本的函数和解析式化归, 向基本的运算化归. 简单的如三角函数求值: 一般角通过诱导公式向 $0 \sim 2\pi$ 化归, 再向 $0 \sim \frac{\pi}{2}$ 化归; 通过"除法"(每次先求除数)进行开方; 通过"因式分解"将高次多项式问题化归到低次多项式; 通过交换律和结合律将多个数式运算化归成两个数式运算等; 复杂一点的如函数可展成幂级数和三角级数; 通过牛顿 – 莱布尼兹公式定积分可化归成不定积分计算……这实际上都说明了数学的化归本性.

第 2 节 化 归

大约在 20 世纪 70 年代的一次高考中, 出了这样一道题:

试证明勾股定理.

命题者的本意, 是让考生通过面积割补或相似形

给出证明,比如图 28 所示的三个基本图形中的某一个①. 不料出现了如下的证法:

证法 1　在 $\triangle ABC$ 中,由余弦定理,有

$$AB^2 = AC^2 + BC^2 - 2AC \cdot BC \cdot \cos C$$

因为　　　　　　　　$\angle C = 90°$

所以

$$\cos C = 0$$

$$AB^2 = AC^2 + BC^2$$

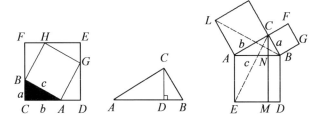

图 28

证法 2　在 $\triangle ABC$ 中,因 $\angle C = 90°$,知(如图 29 所示)

$$\frac{AC}{AB} = \cos A$$

$$\frac{BC}{AB} = \sin A$$

所以　　　$\dfrac{AC^2}{AB^2} + \dfrac{BC^2}{AB^2} = \cos^2 A + \sin^2 A = 1$

---

①　图 28 中的左图是赵爽弦图的一部分,由 $(a+b)^2 = c^2 + 4 \cdot \dfrac{1}{2}ab$ 可推出 $a^2 + b^2 = c^2$;中图是由直角顶点向斜边引了一条垂线,由相似三角形证得 $AC^2 = AB \cdot AD$,$BC^2 = AB \cdot DB$,相加即得;右图是欧氏构图,先证 $\triangle ABL \cong \triangle AEC$,再证 $S_{四边形ACKL} = S_{四边形AEMN}$……

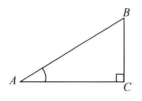

图 29

所以 $$AC^2 + BC^2 = AB^2$$

这两种证法对不对呢？高考是前程关天的大事，引起一场不大不小的争论，结果如何？一是公婆之争，难以公断；二是都给了满分. 可是，这并不等于事情的终结.

1. 数学解题本义

在现实生活中，总有大道理和小道理，小道理要服从大道理. 在作为演绎科学的数学中，更是如此. 我们知道，现代数学都是按"公理化系统"构造的，那么它的任一个数学分支中的概念，都要排出一定的顺序，后面的要由前面的来定义；它的命题、公式、定理也要排成一定的顺序，后面的要由前面的来推证. 而且立下一条规矩：不得反过来用后面的概念定义前面的或用后面的命题推证前面的，否则就造成恶性循环，这是绝对不能容许的.

但是规定容易，执行起来难，因为不少等价命题孰前孰后有时可以变通，那么排序时还要反复推敲，有的此前彼后，有的彼前此后，因情况不同而定.

如"勾股定理证明"一案. 对于"由 $\sin^2 A + \cos^2 A = 1 \Rightarrow AC^2 + BC^2 = AB^2$"来说，认为是错误的人说："由于证明 $\sin^2 A + \cos^2 A = 1$，用到了勾股定理，那么再反过

79

来由它推证勾股定理,就形成循环论证";而认为没错的人则说,不用勾股定理,也可证明 $\sin^2 A + \cos^2 A = 1$. 比如,可用公理方法定义.

若函数 $C(x)$ 和 $S(x)$ 满足如下四个条件:

(1)对所有数 x 有定义;

(2)满足函数方程

$$C(x - y) = C(x)C(y) + S(x)S(y)$$

(3)$C(x) > 0, S(x) > 0$ 在区间 $0 < x < \lambda$(λ 为某一正数)内成立;

(4)在区间 $[0, \lambda]$ 端点处,有

$$C(0) = S(\lambda) = 1$$

则 $S(x)$ 和 $C(x)$ 叫作三角函数,前者叫"正弦",后者叫"余弦". 在(2)中命 $x = y$,即得 $C^2(x) + S^2(x) = C(0) = 1$.

也可用幂级数方法定义,即定义

$$\sin x = x - \frac{x^3}{3!} + \frac{x^5}{5!} - \cdots + \frac{(-1)^{n-1} x^{2n-1}}{(2n-1)!} + \cdots$$

$$\cos x = 1 - \frac{x^2}{2!} + \frac{x^4}{4!} - \cdots + \frac{(-1)^n x^{2n}}{(2n)!} + \cdots$$

则可以算出

$$\sin^2 x = \frac{2x^2}{2!} - \frac{8x^4}{4!} + \cdots + (-1)^{n-1} \frac{2^{2n-1} x^{2n}}{(2n)!} + \cdots$$

$$\cos^2 x = 1 - \frac{2x^2}{2!} + \frac{8x^4}{4!} - \cdots + (-1)^n \frac{2^{2n-1} x^{2n}}{(2n)!} - \cdots$$

于是很容易算出 $\sin^2 x + \cos^2 x = 1$.

这将如何是好呢? 为了结束这种莫衷一是的局面,只好又做规定,不过这种规定是不成文的约定俗成:高考命题的初衷,是考查中学知识、技能、数学思想掌握的情况,因而,就按中学课本中概念、命题的系统

处理,证题解释,就要由此出发,以此为据,以后证前,就看作"循环论证",以某个新发现的命题、公式、法则为据去解证的,一律认为不完整,因而不予承认. 比如,对于由余弦定理推证勾股定理的,即以"循环论证"处理.

这样的约定是必要的,因为对于初学者来说,他必须扎扎实实地按一个系统掌握其基础知识和基本技能,而不能颠三倒四. 当然,进一步的数学研究另当别论. 那么,按中学数学要求,其"解题"的本义是:

从排成了一定顺序的课本中的概念、法则、定律、公式、定理出发,按正确的推理和计算,一步步按题目的要求导出结论.

这里的出发点,正是我们化归的"最后的"终点.

2. 已知问题链

前面提到"解题证题的出发点,正是化归的'最后的'终点"是什么意思呢?为什么在"终点"之前,还要加个"最后的"来形容呢?

回顾一下本章开头路莎·彼得讲的故事,其中"把水倒掉"所化归的"终点"只是原问题(现有煤气灶、水龙头和水壶,要烧开水,怎样做),而不是解决这问题的依据、原理(如煤气灶可以点燃,水烧到 90 ~ 100℃就开)等,只是解答当前问题的一个中间站或中途点,解题时到达这里,已接通了和"最后的终点"的联系,已有了一个解题方案(即可利用化归到的这个问题去解我们的问题). 提到"解题方案",使我们想到了波利亚,波利亚在他的著名的《解题表》的"拟订方案"部分,一开始就提出:

Tartaglia 公式:转化与化归

你以前见过此题吗? 是否见过形式上稍有不同的题目? 你是否知道与此有关的题目? 是否知道可能用得上的定理? 试考虑一个具有相同或类似未知元素的较熟悉的题目.

在这里,波利亚所说的此题,形式上稍有不同的题目,与此有关的题目,可能用得上的定理,以及具有相同或类似未知元素的较熟悉的题目,正是我们解题思考的中间站、中途点. 波利亚的《解题表》描述的是人们解题的一般思维过程,揭示的是解证数学题(不仅是数学题)的一般思维规律,事实上,也就是数学思维的一般规律:向有关的、较熟悉的题目,可能用得上的定理靠拢、化归. 由于我们能够向某目标靠拢、接近的一个必要条件,是"某目标"必定存在. 因此,路莎·彼得的风趣故事,波利亚的《解题表》,我们自己的解题经历,都预示了已解和已识问题网络(简称已知问题链,以 Y 表示)的存在,其特点如下:

1° 对每个学习和研究数学的人,在一定的时期内,都有一个他已会解答的和他已认识的若干问题的网络. 比如对一个中学生,他的"已解问题网"可能是以中学数学课本的"双基"为核心的若干初等数学问题,如实数和复数的基本性质,多项式、分式、无理式的基本知识,一次、二次方程和方程组,特殊一元高次方程,数列、组合初步知识,平面、立体和解析几何的基本知识,几种基本初等函数,在这些知识的基础上构建的若干类问题. 有的还包含若干数论、集合与映射、数列极限、概率统计、数理逻辑、向量的基本知识及相应的问题. 而他已认识的问题可能包括,如三大尺规作图不能问题、五次和五次以上整式方程(一般式)不存在根

82

式解、哥德巴赫猜想、费马猜想等.

2° 这个已知问题链,对于同年级的中学生来说,可能有其共同的部分,但一般说来,它是因人而异的,具有个人的特色.

3° 这个已知问题链,是我们常说的人的"数学认知结构"的一部分,它的质量的优劣、功能的高低,将直接影响数学解题能力和数学学习质量. 我们认为,如能把单个问题组成的松散的网络构建和发展成尽可能多的"数学模型"(或者如傅学顺老师开发的数学思维的反应快),则必将大大提高它的功能,大大提高我们的解题思维能力.

4° 一个人在学习或研究数学的过程中,他的已知问题链,就是个动态的网络,因为他在研究和解题过程中,每向网上化归一个新的问题,一方面是网络的拓展,另一方面则是网络结构的优化和功能的增益.

3. 化归

我们已经多次用到和讲到化归,到底什么是化归呢?

徐利治和郑毓信说:"如果把'化归'理解为由未知到已知、由难到易、由复杂到简单的转化,那么我们就可以说,数学家思维的重要特点之一,就是他们特别善于使用化归的方法来解决问题. 从方法论的角度说,这也就是所谓的'化归原则'."

一句话:化归就是通过转化把未知的、要解决的问题归结为已知的、已解决的问题. 就用转化公式

$$A \xrightarrow{(C)} B$$

可以确切地表述这一点:如果我们通过某种方法 C 把一个要求解的问题 A 转化成了我们已解和已知问题网络中的一个问题 B,那么这个转化就叫化归. 若把化归同一般的转化相比,即可显示出自己的特征:

第一,化归的目标和方向更加明确,向着{已知问题} $= Y$;

第二,因目标 $B \in Y$,则我们可以时时把 A 同 Y 中的问题 B 相对照,看差异何在,有针对性地采取措施 C;

第三,因 $A \xrightarrow{(C)} B \in Y$,所以一旦化归成功,就意味着问题的解决.

我们来研究若干实例:这是一些寓意深刻而妙趣横生的问题,除从不同的角度说明"化归"以外,本身也颇具鉴赏价值.

1° 求 100 以内素数的个数——向集合方法化归之一.

这不是一道常规题. 为了求解,我们需要分析一下题目并清理一下我们的"已知问题链"中的有关部分.

首先,我们知道"素数"概念,并且会用埃拉托塞尼斯筛法求素数. 但求出百以内的素数似非原题本意,原命题好像另有深意. 我们先求 20 以内的素数,看能悟出什么? 列出 20 以内的自然数

1 2 3 4 5 6 7 8 9 10 11 12 13 14 15 16 17 18 19 20
画去 1;留下 2,画去 2 的倍数

1 2 3 4 5 6 7 8 9 10 11 12 13 14 15 16 17 18 19 20
留下 3,画去 3 的倍数

1 2 3 4 5 6 7 8 9 10 11 12 13 14 15 16 17 18 19 20
余下的 2, 3, 5, 7, 11, 13, 17, 19 都是素数了(事实如

此). 为什么会这样呢? 原因是, 若 $x \leqslant 20$ 是合数, 则 x 必是 2 或 3 的倍数, 从而已被画掉了. 我们来证明这一点: 设 $x = p_1 p_2$ (p_1 是素数且 $p_1 \leqslant p_2$), 则

$$p_1^2 \leqslant p_1 p_2 = x \leqslant 20$$

所以 $p_1 \leqslant \sqrt{20} < 5$, 即 $p_1 \leqslant 4$, 而 p_1 是素数, 所以 $p_1 = 2$ 或 3. 即 x 必为 2 或 3 的倍数.

类似地可以证明: 用筛法求 m 以内的素数, 只要从 $1 \sim m$ 中: (1) 画去 1; (2) 画去不超过 $\sqrt{m}$ 的素数的倍数 (2 倍以上) 就可以了.

其次, 我们把如上的认识用于 $m = 100$, 则在执行筛选手续时, 要画去 1 和 $\sqrt{100} = 10$ 以内的素数 2, 3, 5, 7 的 (两倍以上的) 倍数. 但有的可能是它们的公倍数, 因而不止画去一次. 由于公倍数集合乃是倍数集合的交集, 所以在这种情形下要解决计数问题, 为了说清楚, 只好用集合的语言了.

以 A_i 表示 100 以内 i 的倍数的集合. 由于从 1 开始, 每 i 个数中有一个 (第 i 个, 第 $2i$ 个, ……) i 的倍数, 最后不足 i 个的数不含 i 的倍数, 那么 A_i 中元素的个数 (即 A_i 的基数, 以 $|A_i|$ 或 card A_i 表示)

$$|A_i| = \left[\frac{100}{i}\right] \qquad ①$$

$[x]$ 表示 x 的整数部分, 即不超过 x 的最大整数. 这样, 我们就可以求出 $|A_2|$, $|A_3|$, …, $|A_5 \cap A_7|$, $|A_2 \cap A_3 \cap A_5 \cap A_7|$, 这是已知数.

以 N_{100} 表示 100 以内的自然数集, S_{100} 表示 100 以内的素数集, $A \backslash B = \{x \mid x \in A \text{ 且 } x \overline{\in} B\}$ 表示 A 与 B 的差集, 则埃氏筛选过程可表示为如下的集合公式

$S_{100} = N_{100} \setminus \{1\} \setminus (A_2 \setminus \{2\}) \setminus (A_3 \setminus \{3\}) \setminus (A_5 \setminus \{5\}) \setminus (A_7 \setminus \{7\})$ ②

这是一个非常重要的公式,但由于"公倍数"的存在,由②推不出"$|S_{100}|$ 就等于 $100 - 1 - (|A_2| - 1) - (|A_3| - 1) - (|A_5| - 1) - (|A_7| - 1)$"的结论. 应该等于什么? 我们先看个简单情形:求 30 以内素数的个数. 这时不超过 $\sqrt{30}$ 的素数有 2,3,5. 我们仍以 A_2, A_3, A_5, S_{30} 分别表示 $N_{30} = \{1, 2, \cdots, 30\}$ 中 2,3,5 的倍数和素数的集合,则由我们十分熟悉的图 30 中可看出 $A_2 \cap A_3, A_3 \cap A_5, A_5 \cap A_2$ 所在的部分被盖了两"层",而 $A_2 \cap A_3 \cap A_5$ 被盖住三"层",再注意埃氏筛选过程中,在画去 A_2, A_3, A_5 的元素时,并没有画去 2,5,5 本身,因此,得出公式

$$|S_{30}| = |N_{30}| - 1 - \left[(|A_2| - 1) + (|A_3| - 1) + (|A_5| - 1) \right] + (|A_2 \cap A_3| + |A_3 \cap A_5| + |A_5 \cap A_2|) - |A_2 \cap A_3 \cap A_5|$$

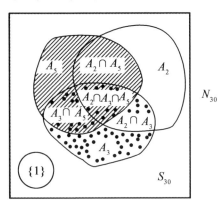

图 30

类似得出

$$|S_{100}| = |N_{100}| - 1 - \left[(|A_2| - 1) + (|A_3| - 1) + (|A_5| - 1) + (|A_7| - 1) \right] + (|A_2 \cap A_3| +$$

$$|A_2 \cap A_5| + |A_2 \cap A_7| + |A_3 \cap A_5| + |A_3 \cap A_7| +$$
$$|A_5 \cap A_7|) - (|A_2 \cap A_3 \cap A_5| + |A_2 \cap A_3 \cap A_7| +$$
$$|A_2 \cap A_5 \cap A_7| + |A_3 \cap A_5 \cap A_7|) +$$
$$|A_2 \cap A_3 \cap A_5 \cap A_7| \qquad\qquad ③$$

公式③看来复杂,却排列有序;加以推广,就是埃氏筛法和"排除计入原理"结合的集合语言转译.

问题转化到①和③,应当说已进入我们的"已知问题链",下边只不过是运算的事了

$$|S_{100}| = 100 - 1 - [50 - 1 + 33 - 1 + 20 - 1 + 14 - 1] +$$
$$(16 + 10 + 7 + 6 + 4 + 2) - (3 + 2 + 1 + 0) + 0$$
$$= 25$$

在此题的分析中,我们较多的文字用在了对"已知问题链的搜寻、澄清和修补".之所以如此,是面对这样看似简单的非常规题,我们的那点数论和集合的知识,显得太"单薄"了.

下面我们再看一个问题,看能否仍化归到我们有关集合的"已知问题链"之中.

2° "白马非马"论辨析——向集合化归之二.

春秋战国时赵人公孙龙提出一系列命题,如

臧三耳(仆人有三只耳朵)

鸡三足

白马非马

等,均是很有名的,而公孙龙自己认为,"龙之所以为名者,乃以白马之论耳",可见"白马非马"是他非常得意的一个命题. 对此,《公孙龙子迹府》一书记载有一则故事:

公孙龙骑着白马过关,守关人说:"要过关,人可以,马不行",公孙龙回答说:"白马不是马,怎么不

87

行?"守关人无奈,就让他骑着马过去了.

公孙龙在《白马论》中,对命题"白马非马"的证明是:白马者,命色而非命形,马者,则是命形,故曰:白马非马. 许多人反对公孙龙的"色形分离"说;《齐物论》虽是同意"白马非马"论,但认为"以马喻(白)马之非马,不若以非马喻(白)马之非马",一时议论纷纷,莫衷一是. 现在看来,他们都不过是巧妙地运用"是""非""马""白马"等概念的模糊性,来宣扬自己的哲学观点,因而各执己见,争论不休. 现在我们把它们化归为确切的数学(集合)语言,加以分析:

马、白马可分为:b = 个体白马;B = 白马集合;M = 马的集合.

是、非的三层意思. 是:(1)属于($\in$,如鲁迅是伟大的文学家),(2)包含于($\subset$,如女人也是人),(3)等同于($=$,如鲁迅是《阿Q正传》的作者;正整数就是自然数). 因此,非也有三层意思:不属于($\notin$),不包含于($\not\subset$),不等同于($\neq$).

对命题"白马非马"的分解:

(1)$b \notin M$;(2)$b \not\subset M$;(3)$b \neq M$;

(4)$B \notin M$;(5)$B \not\subset M$;(6)$B \neq M$.

判断易见,(1),(5)是错误的;而(2),(3),(4),(5)都是对的. 如果把"马"概念中再分离出一个"单个的马 m"来,则所产生的 6 个命题中,除"$b \neq m$"可有争论外,其他 5 个都有定论.

3° 在一个案件中,须确定王、李、徐、钱、孙、吴、陈、周 8 个人中,哪两个是夫妻,已知的案情是:

1)8 个人正好是 4 对夫妻;

2)王结婚时,周去做客;

3）周、钱大衣一样；

4）陈夫妇支援外地时，徐、周、吴的爱人去送行；

5）李的爱人是陈的表兄；

6）王结婚时，李、周、徐同住一屋.

不用数学，通过曲折的分析试探，大约也可以确定，但如向方程化归，即转化成方程求解，则显得简易明快.

首先确定性别，先将 8 个人编号：

姓氏	王	李	徐	钱	孙	吴	陈	周
编号	1	2	3	4	5	6	7	8

并规定

$$x_i = \begin{cases} 1 & i \text{ 为男} \\ 0 & i \text{ 为女} \end{cases} \quad (i = 1, 2, \cdots, 8)$$

再规定

$$x_i + x_j = \begin{cases} 1 & i \text{ 与 } j \text{ 性别不同} \\ 0 & i \text{ 与 } j \text{ 性别相同} \end{cases}$$

这样规定 x_i 的运算，就符合了逻辑代数（布尔代数）的运算法则了，即

$$1 + 1 = 0, 0 + 1 = 1$$
$$1 + 0 = 1, 0 + 0 = 0$$

则按题意，可列出方程组

$$\begin{cases} x_8 + x_4 = 0 \\ x_2 = 0 \\ x_2 + x_3 = 0 \\ x_2 + x_8 = 0 \end{cases}$$

由方程组解出 $x_2 = x_3 = x_4 = x_8 = 0$，再由条件 1），知

$x_1 = x_5 = x_6 = x_7 = 1.$

可见:王、孙、吴、陈为男,李、徐、钱、周为女. 再确定夫妻关系:命

$$x_{ij} = \begin{cases} 1 & i,j \text{ 是夫妻} \quad (i=1,5,6,7) \\ 0 & i,j \text{ 不是夫妻} \quad (j=2,3,4,8) \end{cases}$$

则由条件 1)得

$$\begin{cases} x_{i2} + x_{i3} + x_{i4} + x_{i8} = 1 \quad (i=1,5,6,7) \\ x_{1j} + x_{5j} + x_{6j} + x_{7j} = 1 \quad (j=2,3,4,8) \end{cases}$$

再由 2)得 $x_{18} = 0$,由 4)得 $x_{73} = x_{78} = 0, x_{63} = x_{68} = 0$,由 5)得 $x_{72} = 0$. 方程组可通过列表求解:先把已求得数填入左表;由方程组知,每行每列恰有一个 1,三个 0,则按如下顺序,填写下表:

x_{ij} \ j	2	3	4	8
i				
1			0	
5				
6		0		0
7	0	0	0	

x_{ij} \ j 李徐钱周	2	3	4	8
i				
王 1	0	1	0	0
孙 5	0	0	0	1
吴 6	1	0	0	0
陈 7	0	0	1	0

$x_{58} = 1$,则 $x_{52} = x_{53} = x_{54} = 0$;

$x_{74} = 1$,则 $x_{14} = x_{64} = 0$;

$x_{62} = 1$,则 $x_{12} = 0, x_{13} = 1$.

可见,四对夫妻是:

王、徐;孙、周;吴、李;陈、钱.

4° 齐民友问题——一个难以"化归"的例.

1997 年 11 月在武汉召开的全国第四届波利亚数学教育思想与数学方法论研讨会(P. MIV)上,齐民友

先生提出一个妙趣横生的问题：

一手麻将牌见万就和(hú)，问是什么牌？

我们知道，通常的麻将牌包括 1～9 万各 4 张，1～9 条各 4 张，1～9 饼各 4 张，东西南北中发白各 4 张，共 136 张，有的还加上 4 张"混儿"，可用来代替任何一张牌，于是共有 140 张牌。打麻将一般是 4 个人，每人开始抓到手的一手牌是 13 张，中间可以通过"抓进—打出"或"吃进—打出"进行调整，但总保持 13 张。一直调整到再来（吃进或抓到）一张牌（这时 14 张）就和为止。最后来的这张牌就是和牌。

而所谓"和"是指：在 14 张牌中，有一对相同的（叫作"将牌"），其余 12 张要构成四个"连"，每个连或是三张相同的（叫作横连，如三张一万，三张白板均可），或是三张花色相同连续牌（叫作纵连，如二、三、四万，一、二、三条或六、七、八饼）。比如，若手中牌如图 31 所示，那么使它和的牌应是四、七饼。现在的问题是，假若牌中没有"混儿"，那么一手见万就和的牌是什么？

| 一万 | 二万 | 三万 | | 三条 | 四条 | 五条 | | 西 | 西 | 西 | | 五饼 | 六饼 | | 二条 | 二条 |

图 31

齐先生当时在会上讲："这手牌我们已构造出来了，并且猜想：结果是唯一的，但未能证明。"

我们考虑：首先，既然 1～9 万都能和，那么大约 1～9 万都有，如果各有一张的话，已有了 9 张，还有 4 张是什么？我想：一定还是万，而且是每两张重复的万。又由于对称性，则如有重复的一万，必有重复的九万. 于是猜想有如下的一手牌(图 32).

一万	一万	一万	二万	三万	四万	五万	六万	七万	八万	九万	九万	九万

图 32

检验(我们就用数码表示牌):若来一万,则

    一一一　一二三　四五六　七八九　九九

若来二万

       一一一　二二　三四五　六七八　九九九

若来三万

    一一　一二三　三四五　六七八　九九九

若来四万

    一一一　二三四　四五六　七八九　九九

若来五万

    一一一　二三四　五五　六七八　九九九

由于对称性,来的牌若是六、七、八、九万,可类似构造和牌. 可见,图 32 所示的:一、九万各 3 张,二至八万各 1 张的一手牌,确实是一个解. 但怎样证明这就是唯一的解呢?

从麻将的构成、打麻将的有关规则和问题的提法来看,像是个排列组合问题,从横连和纵连的组成看,既似乎与数论有关,又像是代数运算,由于未能把它化归到我们的"已知问题链"中,因此,实际上,只是就题论题地猜出一个解,而不是用相关的知识求出的解,更无法证明它的唯一性.

一条可能的思路是:先证一个命题,即"有非万牌则不可能是解". 然后在"万"中考虑,则能否列出方程?(这是"向方程化归"的一个构想)

由如上几例可见,一个问题采用适当方式化归的成功,自然意味着问题的解决.而问题的不能解决,则往往可能有两种情况:一是化归到"已知问题链"中的难题.比如,在 1992 年曾轰动一时的"余新河数学题",经过艰难曲折的历程终于把它化归为"哥德巴赫猜想"(证明了余题乃是哥氏猜想的一个充分条件)时,由于我们已知哥氏猜想是历经 250 余年而仍未解决的世界驰名难题,因此,"余新河数学题"也只能是"暂时不可解".二是根本化不到我们的"已知问题链"中(即使我们像在本节研究例 1°,2°,3°那样加宽加深我们的"已知问题链"的相关部分,也仍是无济于事),比如像目前的"齐民友问题"的研究,就是如此.

第 3 节　特殊与一般的转化

在转化公式

$$A \xrightarrow{(C)} B$$

中,如果 B 是 A 的推广,那么这种转化就叫作一般化.而若 B 属于已解问题链,那么它就是向一般化归;反之,如 B 是 A 的限定或特殊情况,那么这种转化就叫作特殊化,且若 B 是已解问题链中的一员,则就是向特殊的化归.

那么到底何时用一般化、何时用特殊化呢?数学大师希尔伯特概括成功地研究思考数学的切身体会,留下了两段脍炙人口的名言:

在解决一个数学问题时,如果我们没有获得成功,原因常常在于我们没有认识到更一般的观点,即眼下要解决的问题,不过是一连串有关问题中的一个环节.采取这样的观点之后,不仅我们所研究的问题会容易得到解决,同时还能获得一种能应用于有关问题的普遍方法.

他又说:

在讨论数学问题时,我们相信特殊化比一般化起着更为重要的作用.可能在大多数场合,我们寻找一个问题的解答而未能成功的原因,是在于这样的事实,即有一些比手头的问题更简单、更容易的问题没有完全解决或完全没有解决.这时,一切都有赖于找出这些比较容易的问题并使用尽可能完善的方法和能够推广的概念来解决它们.这种方法是克服数学困难的最重要的杠杆之一,我认为人们经常使用它,虽然也许并不是自觉的.

1. 波利亚的妙法

又是一般化,又是特殊化,好像事情都让希氏说完了,是这样吗? 当然不是,因为面对不同的情况,就要采取不同的对策.我们还是鉴赏一下波利亚《数学与合情推理》一书中给出的勾股定理的一个奇巧证明,从中悟一悟希尔伯特讲的道理:

考虑 a 为斜边,b,c 为直角边的直角三角形,则我们想证明

$$a^2 = b^2 + c^2$$

首先,由"平方"联想到面积,于是在直角三角形三边向外侧作正方形(图 331).要证的

$$b^2 + c^2 = a^2$$

就意味着两直角边上正方形面积之和等于斜边上正方形的面积.

怎样证明呢? 欧几里得作了若干条辅助线,运用

94

全等和等积三角形,中国数学家们则是通过面积割补来证明. 有无一眼看出的简单方法? 波利亚说:图 33 中的 II 就是. 可是我们仍然看不出:从直角顶点向斜边引一条垂线说明了什么问题.

波利亚说:那好办,请把图 I 向图 III 做一个推广:在同一个直角三角形三边上向外侧作三个相似的多边形. 这时,若斜边上多边形面积为 λa^2(λ 为某一正数,等于 I 中斜边上正方形面积同 III 中斜边上多边形面积之比)的话,那么按相似形性质,两直角边上多边形面积分别为 λb^2 和 λc^2,于是我们要证的 $b^2 + c^2 = a^2$ 即为

$$\lambda b^2 + \lambda c^2 = \lambda a^2$$

由等式性质看,$b^2 + c^2 = a^2$ 与 $\lambda b^2 + \lambda c^2 = \lambda a^2$ 是等价的(只需乘以或除以常数 $\lambda > 0$,即可互相推导).

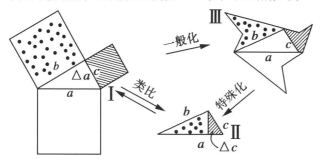

图 33

但 $\lambda b^2 + \lambda c^2 = \lambda a^2$ 却意味着勾股定理的推广(直角三角形两直角边平方的 λ 倍之和等于斜边平方的 λ 倍),似乎,这是一个很平凡的推广. 事实上却不然,因为 $\lambda b^2 + \lambda c^2 = \lambda a^2$(即图 III)不仅等价于 $b^2 + c^2 = a^2$(图 I),而且等价于它任一种特殊情形,特别的,它等价于图 II 所对应的等式

$$\lambda_0 b^2 + \lambda_0 c^2 = \lambda_0 a^2$$

(其中 λ_0 等于 a 边上正方形面积同直角三角形本身的面积之比)此式显然成立,因为直角三角形本身当然等于被它的一条高分成的两个小直角三角形之和.于是,$b^2 + c^2 = a^2$ 得到证明.

　　抽去分析探索过程,证明可写成:引斜边的高,则原直角三角形 $\triangle a$ 被分成了两个小的直角三角形 $\triangle b$ 和 $\triangle c$,设它们的面积分别为 S_a,S_b,S_c,由于 $\triangle a$ 与 $\triangle b$ 和 $\triangle c$ 各有一公用锐角,所以

$$\triangle a \backsim \triangle b \backsim \triangle c$$

且 a,b,c 为对应斜边. 因此

$$\frac{S_a}{a^2} = \frac{S_b}{b^2} = \frac{S_c}{c^2} = \lambda_0 \quad (\text{大于 } 0,\text{为常数})$$

所以　　　　$S_a = \lambda_0 a^2$,$S_b = \lambda_0 b^2$,$S_c = \lambda_0 c^2$

但显然 $S_b + S_c = S_a$(原三角形面积等于由它分成的两个三角形面积之和,见图 33 Ⅱ). 所以

$$\lambda_0 b^2 + \lambda_0 c^2 = \lambda_0 a^2 \quad (\lambda_0 \neq 0)$$

所以　　　　　　　　$b^2 + c^2 = a^2$

此题的探索求证过程(或证明和对证明的理解过程)可用图 34 表示.

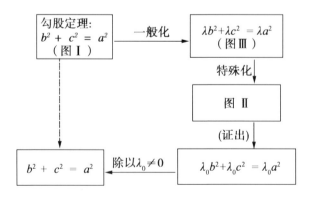

图 34

2. 一般化的应用

在第 1 章我们计算僧侣们移盘次数时,曾用过一般化的方法:把具体数 64 换成了变数 n,从而求出了递推公式 $a_n = 2a_{n-1} + 1$,并进而求出了通项公式 $a_n = 2^n - 1$,不仅很好地解决了具体问题,而且加深了对这一类问题的认识. 为了进一步说明一般化的应用,让我们再看两例.

1° 　求切线. 已知立方抛物线 $y = x^3$,试求它在 $x = 1$ 处的切线.

若是圆,应用"过半径端点垂直于半径的直线必为切线"这一判定法,很容易求切线. 可现在不是圆而是三次抛物线,没有那样的判定法,怎么办?

既然想不到立方抛物线的切线有什么特殊的性质或判定法可用,干脆把问题一般化.

求切线问题:求曲线 $y = f(x)$ 在点 $P(x_0, f(x_0))$ 处的切线.

粗略地说,与曲线只有一个公共点(且曲线上邻近的均在其同侧)的直线,叫作切线. 按点斜式方程,要求曲线 $y = f(x)$ 在点 $P(x_0, f(x_0))$ 的切线 l,只要再求出斜率就可以了.

可是一点怎样求斜率? 这一问,使我们想到"切线是割线的(当两交点重合时的)特殊位置"(如切割线定理、切线长定理与割线定理统一成圆幂定理时,就是这样看的). 于是想到,可在 x_0 附近取一点 $Q(x, f(x))$,则割线 PQ 的斜率为(记 $\Delta x = x - x_0$,$\Delta y = y - y_0 = f(x) - f(x_0)$)

$$k_{PQ} = \tan \alpha = \frac{\Delta y}{\Delta x}$$

怎样使 PQ 变成 l 呢? 由图 35 中容易看出,只要让 Q 向 P 移动,当它与 P 重合时,PQ 就变成 l,而 PQ 的斜率就变成 l 的斜率:$k_{PQ} \to k_l(P \to Q)$. 而这只需 $\Delta x = x - x_0 \to 0$,于是有

$$k_1 = \lim_{\Delta x \to 0} \frac{\Delta y}{\Delta x} = \lim_{x \to x_0} \frac{f(x) - f(x_0)}{x - x_0} \qquad ①$$

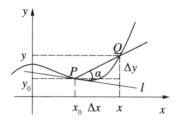

图 35

此式很有用处. 如果①中的极限存在,那么曲线 $y = f(x)$ 在点 x_0 的切线 l 的斜率存在,从而切线可以求出. 对于 $y = x^3$,$x_0 = 1$,我们来算算看

$$k_l = \lim_{x \to 1} \frac{x^3 - 1}{x - 1} = \lim_{x \to 1}(x^2 + x + 1) = 3$$

所以曲线 $y = x^3$ 在点 $(1,1)$ 处的切线方程是

$$l: y - 1 = 3(x - 1), 3x - y - 2 = 0$$

此题求解过程可由框图表示,如图 36 所示.

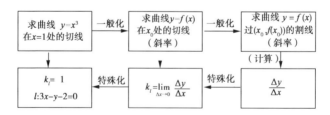

图 36

由框图看得很清楚,问题的求解经过两次"一般

化":第一次把具体函数推广到一般函数,第二次把切线问题推广到求割线问题;然后又经两次"特殊化",第一次求极限,第二次把这个过程用于函数 $y = x^3$.

2° 求三角形面积:已知 $\triangle ABC$ 的三顶点均在抛物线 $y = x^2$ 上,其横坐标依次为 a, b, c. 求 $\triangle ABC$ 的面积 S.

A, B, C 在抛物线 $y = x^2$ 上,那么它的坐标就是 $(a, a^2), (b, b^2)(c, c^2)$,按行列式形式的三角形面积公式,得

$$S = \frac{1}{2} \begin{vmatrix} a & a^2 & 1 \\ b & b^2 & 1 \\ c & c^2 & 1 \end{vmatrix} \text{的绝对值} = \frac{1}{2} \begin{vmatrix} 1 & a & a^2 \\ 1 & b & b^2 \\ 1 & c & c^2 \end{vmatrix} \text{的绝对值}$$

为了展开这三阶的范德蒙行列式,而且使方法可直接推广使用于 $n(n \geq 3)$ 阶范德蒙行列式,我们采用如下一般化的方法:设

$$F(x) = \begin{vmatrix} 1 & x & x^2 \\ 1 & b & b^2 \\ 1 & c & c^2 \end{vmatrix}$$

则

$$S = \frac{1}{2} |F(a)|$$

但 $F(x)$ 是 x 的二次函数,且 $F(b) = F(c) = 0$,就是说 $x = b$ 和 $x = c$ 是二次方程 $F(x) = 0$ 的两个根,那么必有 $F(x) = A(x-b)(x-c)$ 的形式. 这里,A 是 x^2 项的系数. 考虑行列式按列展开的性质,有

$$A = \begin{vmatrix} 1 & b \\ 1 & c \end{vmatrix} = c - b$$

所以

$$F(x) = (c - b)(x - b)(x - c)$$

所以

$$S = \frac{1}{2} |F(a)|$$

$$= \frac{1}{2} |(a - b)(a - c)(b - c)|$$

此法显然可用于展开高阶范氏行列式,例如四阶的

$$F_4 = \begin{vmatrix} 1 & x_1 & x_1^2 & x_1^3 \\ 1 & x_2 & x_2^2 & x_2^3 \\ 1 & x_3 & x_3^2 & x_3^3 \\ 1 & x_4 & x_4^2 & x_4^3 \end{vmatrix}$$

读者不妨一试.

此题求解过程的框图如图 37 所示.

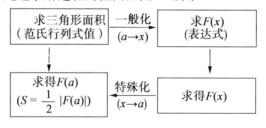

图 37

3. 特殊化的应用

对于一个一般的问题求解无路时,由于"一般即寓于特殊之中",我们可以寻觅它的一种特殊情形,研究求解,如获得反面结果,则原问题也就被反面解决(对极端的或边界情形另当别论);如得正面结果,则应仔细回顾和深入认识解题过程中的策略、思想、方

法,尽量概括出一般性的东西,再设法用于原问题,成功则原问题获解,不成功可再寻觅另一种特殊情形(见图 38).

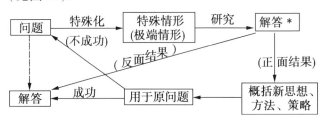

图 38

1° 放钱币问题(认识对称性).

波利亚名著《数学与合情推理》中,研究了这样一道题:

两人轮流在一张矩形桌子上放钱币,每次放一枚,不许重叠,谁放下最后一枚算胜. 问:谁(先放的还是后放的)必胜? 有必胜策略吗?

看来问题颇难,难在桌子尺寸没有给定,钱币大小没有说,可是这对数学家来说,并没有什么,因为他可以假定. 而且,波利亚说:数学家有一种绝妙的手段,就是在对一般问题求解无门时,从特殊情形甚至是极端情形入手,此问题即可如法炮制.

我们假定:桌子如此之小,以至于它只能放下一枚钱币,那么显然,先放者胜(因后放者已无处放了). 现在扩展桌子(使周围按同样的速率延展),成为原来的矩形. 那么"只放下一个钱币的小桌子面"即成为这矩形的中心.

先放者把首枚钱币放在中心,行吗? 以后怎么办?

这很容易:待后放者放下一枚钱币,先放者即在其关于中心的对称位置上放一枚. 这时,矩形的中心对称性保证:只要对手有处放,先放者必然有处放,这样直到对手无处放为止,故先放着必胜.

这样,先放者的必胜策略由两条构成:

第一,首枚钱币放在桌子中心;第二,以后每一枚放在对手所放钱币对称的位置上(策略还可以变通).

"中心对称"的性质帮了大"忙",因为必胜策略是以它为依据制定的.而且还可做如下联想:

1)桌子面可以是正六边形、正八边形、圆形等,总之是中心对称图形时:必胜策略不变.这叫作推广使用.

2)反面考虑:如果在矩形桌子中心挖一个钱币大小的洞,则如何?

3)另一极端情形:如桌面无穷大,则如何?

4)转化(一个报数问题):由 1 到 101 报数,两人轮流报,每回限报奇数个数,谁"报"到 101 算胜.那么谁必胜?

2° 茅以升问题(认识"平均不等式").

对于几种平均值、平均不等式,应用特殊化方法,考虑二元的情形,人们设计了多种几何模型,但多只关联两三种均值.叶年新老师生前于 1985 年设计几何模型 5 种,颇具匠心,每一种都关联了 5 种平均值,此择其二,供大家鉴赏:设 $a \geqslant b > 0$,则在如下两种构图中(图 39)均有 $AB \leqslant AC \leqslant AD \leqslant AE \leqslant AF$,其中

$$AB = \sqrt{\frac{2a^2 b^2}{a^2 + b^2}}, AC = \frac{2ab}{a + b}, AD = \sqrt{ab}$$

$$AE = \frac{a + b}{2}, AF = \sqrt{\frac{a^2 + b^2}{2}}$$

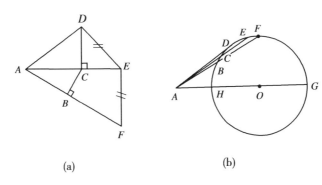

(a)　　　　　　　　　(b)

图 39

对两图略做说明如下：

构图 39(a)中，有

$$\angle ABC = \angle ACD = \angle ADE = \angle AEF = \frac{\pi}{2}$$

$$AE + ED = AE + EF = a, AE - DE = b$$

当且仅当 D, E 重合时，全取等号.

构图 39(b)中，AD 切 $\odot O$ 于 D，F 为 $\overset{\frown}{HG}$ 中点，$AE = AO, AF, AE$ 分别交 $\odot O$ 于 B, C. $AG = a, AH = b$，当且仅当 $\odot O$ 为点圆时，取等号.

还需要做两点说明：首先，由字母排列顺序可见图形构造的思路，图形简单优美. 其次，图形关联的 5 个平均值，从幂平均角度看，是对称的. 设 $p \in \mathbf{R}, p \neq 0$，则 a, b 的 p 次幂平均为

$$M_p = \left(\frac{a^p + b^p}{2} \right)^{\frac{1}{p}}$$

则有

$$M_{-2} = AB, M_{-1} = AC, M_0 = AD, M_1 = AE, M_2 = AF$$

其中 $M_0 = \lim_{p \to 0} M_p = \sqrt{ab}$. 若 $a \geqslant b > 0$，则 M_p 是 p 的递

增函数,且 $b \leqslant M_p \leqslant a$.

但几何模型终有其难于推广到 n 元的缺陷,因而期待着另外的具有实际含义或背景的模型. 我们总算没有白等,1985 年举行"全国青少年'面向未来'读书与思考竞赛"时,科学家茅以升先生拟了一道智趣俱佳的小题:

小李和小王两人同时从市内的同一学校出发,到郊区的动物园游览. 小王用了到达动物园的一半时间,以速度 a 行进,另一半以速度 b 行进;小李用速度 a 走一半的路,用速度 b 走另一半的路. 问:两人谁先到达?

猛一看,似乎并无区别,其实事情并没有那么简单.

设小王和小李到达动物园所用时间分别为 t_w 和 t_l,学校到动物园的路程为 $2s$,依题意,有

$$\begin{cases} a \cdot \dfrac{t_w}{2} + b \cdot \dfrac{t_w}{2} = 2s \\ \dfrac{s}{a} + \dfrac{s}{b} = t_l \end{cases}$$

我们的目的在于弄清"谁先到达",即要比较 t_w 和 t_l 的大小. 于是从两式分别解出

$$t_w = 2s \cdot \frac{2}{a+b}$$

$$t_l = s\left(\frac{1}{a} + \frac{1}{b} \right) = 2s \cdot \frac{a+b}{2ab}$$

故有

$$\frac{t_l}{t_w} = \frac{2s \cdot \dfrac{a+b}{2ab}}{2s \cdot \dfrac{2}{a+b}} = \frac{(a+b)^2}{4ab} \geqslant \frac{(2\sqrt{ab})^2}{4ab} = 1$$

所以 $t_l \geqslant t_w$

当且仅当 $a = b$ 时，$(a + b)^2 = 4ab$，$t_l = t_w$，否则，总有 $t_l > t_w$. 就是说：若 $a = b$，两人正好一块到，否则，总是小王先到.

由这道题引出两种平均速度的概念：一种是小王相当于全程以平均速度 $A_2 = \dfrac{a + b}{2}$ 行进，一种是小李相当于全程以平均速度 $H_2 = \dfrac{2ab}{a + b}$ 行进. 而 A_2 和 H_2 正是 a, b 的（二元）算术平均值和调和平均值. "小王不会后到"正是两个平均值构成的不等式的"运动"结果的含义.

这个运动模型很容易推广：

小李和小王同时从学校出发去动物园游览，小王用 $\dfrac{1}{n}$ 的时间以速度 a_1 行进，$\dfrac{1}{n}$ 的时间以速度 a_2 行进，……，$\dfrac{1}{n}$ 的时间以速度 a_n 行进；小李则以速度 a_1，$a_2, \cdots, a_n$ 分别走完 $\dfrac{1}{n}$ 的路程. 问谁先到.

这就引出 n 元的调和平均值 H_n 和算术平均值

$$H_n = \frac{n}{\dfrac{1}{a_1} + \dfrac{1}{a_2} + \cdots + \dfrac{1}{a_n}}$$

$$A_n = \frac{a_1 + a_2 + \cdots + a_n}{n}$$

数学中也已证明 $H_n \leqslant A_n$，故小王不会晚到.

尽管此运动模型只引出两种平均值，但也加深了我们对平均不等式的认识.

3° 顶角和问题（一般闭折线本质特征的发现）.

20 世纪 80 年代末,一些中学数学杂志上和数学竞赛中,如下一些问题脱颖而出. 如图 40 所示,求如下各顶角和:

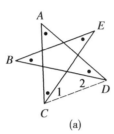
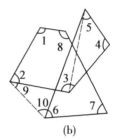

(a)　　　　　　　(b)

图 40

1) $\angle A + \angle B + \angle C + \angle D + \angle E =$ _____.

2) $\sum_{k=1}^{8} \angle k =$ _____.

解起来倒不难. 如图 40(a)所示,连 CD,应用 $\angle 1 + \angle 2 = \angle B + \angle E$,则五角之和化归为 $\triangle ACD$ 的内角和. 对图 40(b),通过图中的两条辅助线把这 8 个角的和化归为一个五边形内角和与一个三角形的内角和. 其化归的金桥就是蝶形一翼上两角之和等于另一翼上的两角之和.

有人想推广凸多边形内角和公式,声称"由于每个非简单多边形的顶角和总可以化为一个或几个凸多边形的顶角和,因此,任何非简单的多边形的顶角和总可得到". 可以写成如下转化公式

A: 非简单多边 　(C)　 B: 一个或几个凸
形顶角和 $\xrightarrow{}$ 多边形顶角和

这里 B 已在我们的"已知问题链"上,因此如果 C 存在(即"总可以化为"),则确实是成功地化归. 可是,C 真的存在吗?

　　为了弄清这个问题,首先要澄清"顶角"这个概念. 因为所谓"非简单多边形"无法区分内外部,因此也就无"内角"可言. 于是就去考虑它的顶角. 而顶角是指在顶点处小于平角的角.

　　其次,由于 n 条线段首尾顺次相接(相邻线段不共线,线段内部无顶点)形成的 n 边闭折线(包括凹、凸多边形和上文说的"非简单多边形")十分复杂,我们需采用特殊化法,看看 C 是否总存在. 我们从最简单的开始寻找特例.

　　三边封闭折线即三角形,顶角和即是内角和为 180°.

　　四边封闭折线共有三种(如图 41):(a)凸四边形;(b)凹四边形;(c)蝶形.

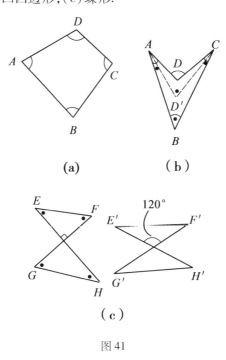

图 41

其中(a)凸四边形顶角和 = 凸四边形内角和 = 360°.这没有问题.对于凹四边形(b)来说,由于$\angle D >$ $\angle D'$,$\angle A > \angle D'AB$,$\angle C > \angle D'CB$,故四边形 $ABCD$ 顶角和 > 四边形 $ABCD'$ 顶角和.在(c)中的两个蝶形中,通过"挤压"可把脐角由 90°变成 120°,因此 $\angle E +$ $\angle F + \angle G + \angle H = 180°$,而 $\angle E' + \angle F' + \angle G' +$ $\angle H' = 120°$.事实上,凹四边形和蝶形的顶角和可以在 $(0°,360°)$ 上任意变化.

这样,我们就证明了有的闭折线(包括有的"非简单多边形")的顶角和不定.

然而,我们的思维往往并不到此为止,而是进一步问:到底什么样的封闭折线顶角和是确定的或不确定的?致使其顶角和不确定的原因是什么?

这样的问题就促使我们把图 40 中的折线、图 41 中的折线(a)同图 41 中的折线(b),(c)进行对比:它们有什么区别?单看一条条边、一个个角,确实没有区别.说到"挤压",凸四边形(如平行四边形)也可挤压,不过在这个过程中它的顶角此消彼长,此长彼消,顶角和(内角和)仍不变.那么由(a)到(b)(图 41)发生了什么事,使顶角和不等于内角和?我们说是由于"过分挤压",使 D 处的顶角不再是内角.于是伴随而来的是每条边同邻边的关系发生了变化:在(a)中,AD 两邻边折向同侧,在(b)中,AD 两邻边折向异侧,这就是实质性的原因.

现在着重考察一下凹四边形:我们把它的边连同邻边的一小段分离出来观察(图 42),不难看出 AD, DC 邻边折向异侧(叫作双折边),CB 和 BA 两邻边折向同侧(叫作单折边).这样,图 41 描述的就是

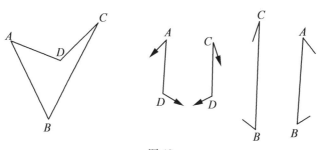

图 42

闭折线基本性质 1　闭折线如果有双折边,则顶角和不定.

再看图 42 中的双折边 *AD* 和 *DC*:如在小段邻边上加以向外的力,则 *AD* 会左转(逆时针),而 *DC* 会右转(顺时针),因此称 *AD* 为左旋边,而 *DC* 为右旋边.在封闭折线中,这种双折边的条数和排列有一定的规律吗? 我们看看图 41 中的图形,它们单双折边的排列是(注意是环形排列):

(1)单单单单.

(2)单单双双或写成:单单右左.

(3)单双单双或写成:单左单右.

看出规律了吗? 我们再随意画一条(如图 43 所示)看看,它单双折边的排列是怎样的:共有几条? 如何排列? 于是可概括出:

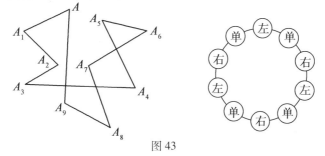

图 43

109

闭折线基本性质 2(折线基本定理) 封闭折线若有双折边,必有偶数条,其中,左右旋边各半且相间排列.

直观上,这应该是对的:我们把折线任标一个方向,并沿之向前走,如先向右再向左拐走过一条双折边(左旋边),那么如继续左拐,走过的必为单折边,只有右拐才会走入另一条双折边,而这时,走过的是右旋边,而接下去,若走入双折边的话又必是左旋边,继之,是右旋边等.

20 世纪 90 年代初,通过把上述直观描述换成"+""-"标号的方法,杨世明老师在《折线基本性质》一文中,给出了"折线基本定理"的严格证明,并于 1993 年在《初等数学研究的问题与课题》一书中,把"一般折线研究"定为初等数学研究的重要课题而引起广泛关注,不到十年的时间里就取得了许多高水平的成果,还于 1996 年成立了"中国折线研究小组",折线研究,前途无量.

4° 简单回顾.

在本节分析的三个例子中,我们用的同样是"特殊化"化归方法,情况却有所不同.

首先,目标有所不同:在 1°中,我们是要"求解"矩形桌子放钱币问题;在 2°中是要寻找模型或背景,"深入认识"平均不等式;而在 3°中,却是要通过对一个猜想命题的辨析,弄清一般折线的本质特征.

其次,手法略有差异:在 1°中,我们选取的是极端情形(极特殊化法),在"一眼看出解"之后,在"对称性"的"协助"下,把求解原则一般化,找到了先放者的必胜策略,在 2°中,用的是常规的特殊情形(限定 $n =$

2),但要去寻找不同的直观模型:我们找到了两种几
何模型和一种运动模型,结果发现,前者虽包括了五种
均值,却难于推广到 3 及 3 以上的情形;运动模型呢,
虽可推广,但却只有算术和调和两种平均,都不无遗
憾. 在 3°中,我们从最简单的 3,4,…边折线研究起,因
为在有的四边折线中,命题结论被否定,所以我们是用
它的结果否定了原命题.

再次,三个例子中,我们都按数学研究中"得寸进
尺"的习惯行事,但也各有特点. 在 1°中,是基于图形
中心对称的思想使我们获得成功,因此,我们沿着"思
想方法"进行联想,以取得更大的成果;在 2°中,我们
分析了两个模型的优劣,加深了对模型和平均不等式
的认识;在 3°中,反例使我们成功地推翻了原猜想,提
出"弄清顶角和不定的原因",争取获得正面结果.

第 4 节　认识无限

正是由于宇宙万事万物都是有限无限交织同在,互
相转化,才有我们认识的发展、科学的进步. 早在战国时
期,哲人尸佼已提出"四方上下曰宇,往来古今曰宙".
《墨经》则认为"宇,弥异所也;宙,弥异时也",把宇宙解
释为空间时间的无限. 而王充所谓"天去人高远,其气茫
苍无端末"就说得更加明确,这是在"广"的方面.

在"细"的方面,《墨经》也有"一尺之棰,日取其
半,万世不竭"的说法,不仅有了"无限细小"的思想,
且已有了"极限"的萌芽. 刘徽受此思想影响,创立"割
圆术",以求 π 的更为精确的值.

在我们的日常生活中,"无限"简直须臾难离. 如儿童数数

$$1,2,3,4,5,6,\cdots$$

就包含了"无限"的可能性. 乘法、加法都可能导致越来越大的数. 三人平分一物,会导致

$$\frac{1}{3} = 0.333\ 3\cdots$$

知一边求正方形对角线长,又面临

$$\sqrt{2} = 1.414\ 2\cdots$$

而这两个等式又说明:一个数可以同时既为有限 $\left(\frac{1}{3},\sqrt{2}\right)$,又为无限($1.33\cdots,1.414\ 2\cdots$). 两个有理数 a,b,无论靠得多近(如 $a=1,b=1.000\ 01$),只要 $a<b$, 则它们之间就会有无限多个有理数 $\left(因\ a<\dfrac{a+b}{2}<b\ 的手续可以无限次执行下去\right)$.

我们将讨论的是中学数学思维中,认识和处理无限的种种方法. 也就是在转化公式

$$A \xrightarrow{(C)} B$$

中,A 为涉及无限的数学问题时,用怎样的方法或手段 C,把它转化到我们的已知问题链上的某个 B 的问题. 自然,在大多数情形下,B 是有限的,那么就是向有限化归,但也不排除 B 为无限的情形.

1. 语言转换

先看一个例题:

求证:如果一条直线垂直于平面内两条相交的直线,则必垂直于此平面.

现行《立体几何》教科书上是这样证明的(略有改动)：

已知：直线 $m,n \subset$ 平面 α, m,n 交于 $B, l \perp m, l \perp n.$

求证：$l \perp \alpha.$

证明　设 g 是平面 α 内任意一条直线，要证 $l \perp \alpha$，只要证 $l \perp g$ 即可.先证 l, g 都通过点 B 的情况(图 44).

在直线 l 上点 B 两侧分别取点 A, A'，使 $AB = A'B$，则 m, n 都是线段 AA' 的中垂线，下面证明 g 也是.

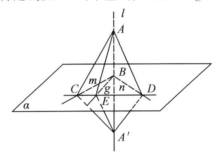

图 44

不妨设 g 同 m, n 不重合.在 α 内引直线分别交 m, n, g 于 C, D, E，连 $AC, A'C; AD, AD'; AE, A'E.$ 则 $AC = A'C, AD = A'D.$ 所以

$$\triangle ACD \cong \triangle A'CD$$

从而

$$\angle ACE = \angle A'CE$$

$$\triangle ACE \cong \triangle A'CE, AE = A'E$$

即 g 是 AA' 中垂线，所以

$$l \perp g$$

如果直线 l, g 中有一条或两条不过 B，则过 B 引它们的平行线，由于过 B 的这样两条直线的夹角就是

l,g 所成角,同理可证 $l \perp g$.

综上所述可得 $l \perp$ 平面 α.

对于这个证明,我们有如下几点评论:

第一,直线同平面垂直的定义是:"如果一条直线和一个平面内任何一条直线垂直,我们就说……",按正常的理解:"任何……都",不是指平面某一条或某一些,而是指平面上的第一条. 可是在证明中,写的却是"设 g 是平面 α 内任意一条直线",待到进入具体的构图、表述操作时,却又是在具体的某一条上进行的:

$$\begin{matrix} \text{任何一条} \\ (\text{每一条}) \end{matrix} \rightarrow \text{任意一条} \rightarrow \text{某一条}.$$

试问:这是不是在做文字游戏? 这样就把平面 α 上无数条直线同 l 垂直的判定问题都解决了吗?

并非做文字游戏,而是在处理"无限"问题时的一种语言转换. 因为我们不可能把平面上所有直线同时拿来论证,而只能任意取其中的一条作为它们的代表,关键在于"是否能够代表"的问题,而选取的任意性保证了它的代表性. 而任意性是指:它不能选在特殊的位置(或我们在论证中不运用它这种特殊位置).

问:在本题的证明中,是否运用了 g 通过 m,n 的交点 B 这个特殊性?

答:所设的 g 是任意的,那么就有"过 B"与"不过 B"两种情形,本证明是"先证 g 过 B 的情形",然后再考虑不过 B 的情形(这时,采用过 B 作 g 的平行线 g' 的方法). 这并不会影响 g 的任意性.

问:对"某一"应怎样解释?

答:这里处理的某一个仍然是任一个,因为 g 不是一条固定不变的,一定是图 44 上画的那个位置的直

线. 这里关键的, 仍然是"它能不能代表"的问题:就是说, 通过如上的论证以后, 还能否在 α 上找到一条不与 l 垂直的直线呢?

自然是找不到了.

第二, 这样的方法在数学中有无先例?

回答是肯定的. 比如要证"三角形三内角之和为 $180°$", 命题说的自然是任何三角形, 而我们证明时却写:已知 $\triangle ABC$, 这显然是任一三角形, 而当我们画在纸上具体操作时, 却成为某一个具体的三角形了. 这时, 只需注意一点:勿画成特殊的三角形(如直角三角形、等腰三角形等), 常用的代表是不等边的锐角三角形. 可是, 如果要证明的是"三角形三条高必交于一点"(垂心定理)或"九点圆定理"时, 不等边的锐角三角形就不能代表了, 而必须分三种情形(选三个"代表")进行证明.

又如当我们证明"由同一点向一条直线所引的垂线或斜线中, 垂线段最短", 这时, 只要任选一条斜线段同垂线段去比较就行了.

2. 数式形式的转换

数式形式的转换, 是人们巧妙运用有限与无限的关系, 以满足实际和理论需要的一种高明手法.

$1°$　无限小数的认识的运用.

把一个数"展成"小数往往出于"近似表示"的需要. 展开的方法:对分数来说, 是用除法如

$$\frac{1}{4} = 0.25 = 0.25\dot{0} = 0.24\dot{9}$$

$$\frac{1}{7} = 0.\dot{1}4285\dot{7}$$

对于根式形式的无理数,则采用"开方"法. 如

$$\sqrt{2} = 1.414\ 2\cdots$$

对其他形式的无理数,又有不同的方法,如

$$\frac{\sqrt{5}-1}{2} = 0.618\ 033\ 98\cdots$$

可采用"连分数法"开方法等,对于 $\pi = 3.141\ 592\ 6\cdots$,
$e = 2.718\ 281\ 8\cdots$可用"割圆法""无穷级数法"等. 把
一个数展开成小数以后,至少有两个好处:

第一,可方便地按一定的精确度选用近似值. 如 π
精确到个位、十分位、百分位、千分位、万分位……的近
似值依次为

$$3,3.1,3.14,3.142,3.141\ 6,\cdots$$

用的是"四舍五入法",得到的可能是不足或过剩近似
值."截尾法"则是不足近似值.

第二,加深了对数的认识. 就是:有理数对应着有
限小数或无限循环小数,无理数则对应着无限不循环
小数. 通常,我们又用它们来分别定义有理数和无理
数. 即无限不循环小数叫作无理数.

"有理数"则有了两个定义:

(1)能表示成既约分数$\left(\frac{p}{q},(p,q)=1,p\in\mathbf{Z},q\in\mathbf{N} \right)$的
数叫有理数;

(2)能表示成有限小数或无限循环小数的数叫有
理数.

两个定义是等价的吗? 两种形式可以互化吗? 分
数化小数用除法即可,但用什么方法把小数化成分数?
有限小数好办:如

$$0.25 = \frac{25}{100} = \frac{1}{4}$$

116

对无限循环小数则有两种方法:一是无穷级数方法;二是方程法.举一例说明方程法.

试把 $0.5\dot{3}$ 化成分数. 设 $x=0.5\dot{3}$,则

$$100x=53.\dot{3}$$

$$10x=5.\dot{3}$$

所以

$$100x-10x=53.\dot{3}-5.\dot{3}$$

$$90x=48,x=\frac{48}{90}=\frac{8}{15}$$

2° 无限分数的应用.

有的无理数作为"无限不循环小数"看不出什么"规律",可化成无限连分数却是"循环"的,这主要是二次无理数. 如

$$\sqrt{2}=1+(\sqrt{2}-1)=1+\frac{1}{\sqrt{2}+1}$$

$$=1+\frac{1}{1+\left(1+\frac{1}{1+\sqrt{2}}\right)}=1+\frac{1}{2+\frac{1}{1+\sqrt{2}}}=1+\frac{1}{2+\frac{1}{2+\frac{1}{2+\frac{1}{2+\cdots}}}}$$

应用方程法可把黄金比 $h=\frac{\sqrt{5}-1}{2}$ 展成连分数. 由

$$h=\frac{\sqrt{5}-1}{2}\Leftrightarrow 2h+1=\sqrt{5},4h^2+4h+1=5$$

$$h^2+h-1=0,h=\frac{1}{1+h}$$

反复迭代就得

$$h = \cfrac{1}{1 + \cfrac{1}{1 + \cfrac{1}{1 + \cdots}}}$$

超越数和"较复杂的"有理数,也可应用辗转相除法化成连分数,如三率(约率、密率、圆周率)

$$\frac{22}{7} = 3 + \frac{1}{7}$$

$$\frac{355}{113} = 3 + \cfrac{1}{7 + \cfrac{1}{16}}$$

$$\pi = 3 + \cfrac{1}{7 + \cfrac{1}{15 + \cdots}}$$

不难看出它们之间的联系:前两个是第三个从某处截断而得到的,是 π 的在一定范围的最佳(分数)近似. 事实上,每个数展成的连分数从某处截断获得的近似分数,也都具有"最佳近似"的性质.

3° 无穷级数.

无穷数列的和,如(无穷递减等比数列各项和)

$$a_1 + a_1 q + a_1 q^2 + \cdots + a_1 q^n + \cdots = \frac{a_1}{1-q} \quad (\,|q| < 1\,)\,①$$

如我们需要 $\dfrac{a_1}{1-q}$,它就是无限向有限的化归. 比如,把 $0.\overset{\cdot}{2}\overset{\cdot}{1}$ 化成分数

$$0.\overset{\cdot}{2}\overset{\cdot}{1} = 0.21 + 0.002\,1 + 0.000\,021 + \cdots$$

$$= \frac{21}{100} + \frac{21}{100^2} + \frac{21}{100^3} + \cdots$$

$$= \frac{\dfrac{21}{100}}{1 - \dfrac{1}{100}}$$

$$= \frac{21}{100 - 1} = \frac{21}{99} = \frac{7}{33}$$

把①调头,q 改写成 x,$a_1 = 1$,就是

$$\frac{1}{1-x} = 1 + x + x^2 + x^3 + \cdots + x^{n-1} + \cdots \quad (\,|x| < 1\,)$$

则表示把分式函数 $\dfrac{1}{1-x}$ 展成幂级数,可以用整式长除法来做,类似的,许多其他的函数也可展成幂级数. 如

$$\frac{1}{(1-x)^2} = 1 + 2x + 3x^2 + \cdots + nx^{n-1} + \cdots \quad (\,|x| < 1\,)$$

$$\frac{1}{(1-x)^3} = 1 + 3x + 6x^2 + \cdots + \frac{n(n+1)}{2}x^{n-1} + \cdots \quad (\,|x| < 1\,)$$

$$\sin x = x - \frac{x^3}{3!} + \frac{x^5}{5!} - \cdots + (-1)^{n+1}\frac{x^{2n-1}}{(2n-1)!} + \cdots \quad (x \in \mathbf{R})$$

$$\arcsin x = \frac{x}{1} + \frac{1}{2} \cdot \frac{x^3}{3} + \frac{1}{2} \cdot \frac{3}{4} \cdot \frac{x^5}{5} + \cdots \quad (\,|x| \leqslant 1\,)$$

$$e^x = 1 + x + \frac{1}{2!}x^2 + \cdots + \frac{1}{n!}x^n + \cdots \quad (x \in \mathbf{R})$$

$$\ln(1+x) = x - \frac{x^2}{2} + \frac{x^3}{3} - \frac{x^4}{4} + \cdots \quad (-1 < x \leqslant 1)$$

除了用来求某些"难求"的函数值,还有着十分广泛的应用.

3. $\varepsilon - \delta, \varepsilon - N$ 的方法与不等式

我们已经拿出了不少认识和处理"无限"的方法,不了解它而硬性处置,是要出问题的. 比如,和

$$s = 1 - 1 + 1 - 1 + 1 - 1 + 1 - \cdots + (-1)^n + \cdots$$

有人求出

$$s = (1 - 1) + (1 - 1) + (1 - 1) + \cdots = 0$$

又有人求出

$$s = 1 + (-1 + 1) + (-1 + 1) + \cdots = 1$$

甚至还有人这样算

$$s = 1 - (1 - 1 + 1 - 1 + 1 - \cdots) = 1 - s$$

所以

$$s = \frac{1}{2}$$

同一个式子的值，竟然可同时为 $0,1$ 或 $\frac{1}{2}$，而且都"似乎有理"，这怎么能行呢？

然而究其根源，还在于我们把处置有限和的方法（随意用结合律并项，用分配律提取公因式"-1"等），不顾 s 的本性而随意用于 s，这是不行的. 我们用"极限"概念来审视 s:把 s 看作

$$s_n = \sum_{k=1}^{n} (-1)^{k-1}$$

当 $n \to \infty$ 时的极限，由于 $\lim\limits_{n \to \infty} s_n$ 不存在，所以 s 不存在，任何数都不可能是它的值.

这就涉及"极限"概念. 我们知道，由于求切线、求极值、求速度问题的需要，牛顿和莱布尼兹在众多数学家工作的基础上，于 17 世纪创立了"微积分学". 18 世纪得到长足的发展和广泛的应用. 但是，在微积分取得辉煌成就的同时，它的基本概念（其理论基础）中的严重缺陷就暴露出来，并受到内外夹击，特别是贝克莱主教的攻击最为"致命". 他在一篇题为《分析学者——

120

致一位不信神的数学家》的长文中,提出了"无穷小"是什么. 尖刻地嘲讽无穷小的比值 $\dfrac{\mathrm{d}y}{\mathrm{d}x}$ 是"消失了的量的鬼魂".

原来,牛顿在求按方程 $s(t) = \dfrac{1}{2}gt^2$ 运动的自由落体的速度时,写出

$$v(t) = \frac{s(t + \mathrm{d}t) - s(t)}{\mathrm{d}t}$$

$$= \frac{\dfrac{1}{2}g(t + \mathrm{d}t)^2 - \dfrac{1}{2}gt^2}{\mathrm{d}t}$$

$$= \frac{\dfrac{1}{2}g(2t + \mathrm{d}t)\mathrm{d}t}{\mathrm{d}t}$$

$$= \frac{1}{2}g(2t + \mathrm{d}t)$$

作为无穷小,$\mathrm{d}t \neq 0$,所以它可作除数,但 $\mathrm{d}t$ 比任何正数都小,可以忽略不计(即 $\mathrm{d}t = 0$),所以

$$v(t) = gt$$

这里 $\mathrm{d}t \neq 0$,同时又 $\mathrm{d}t = 0$,是自相矛盾的,因而受到攻击,并因此酿成数学史上的"第二次危机",致使数学家达兰贝尔惊呼:必须用无可指责的可靠理论来代替无穷小一类的东西. 法国数学家柯西在 1821 年提出了用极限定义"导数"(再定义微分)、连续等概念的方案,并给出了极限的定义:若代表某变量的一串数值无限地趋于某一固定的值时,其差可以随意地小,则该固定值称为这一串数值的极限. 为了排除类似在求瞬时速度时分母为零的困难,在求极限时,只要求 $x \to 0$(x 趋于 0),而不要求 $x = 0$,因此,也不要求函数 $f(x)$ 在

$x = 0$ 处必有定义. 比如, 函数 $f(x) = \dfrac{x^3 + x}{x}$ 的定义域是

$(-\infty, 0) \cup (0, +\infty)$, 但并不妨碍

$$\lim_{x \to 0} f(x) = \lim_{x \to 0} \frac{(1 + x^2)x}{x} = \lim_{x \to 0}(1 + x^2) = 1$$

这样一来, 把导数定义为

$$f'(x) = \lim_{\Delta x \to 0} \frac{f(x + \Delta x) - f(x)}{\Delta x}$$

也就无懈可击了.

但是, 在柯西的极限定义中, 在关键的地方, 仍有含混不清的说法, 如"无限地趋于", 即"其差可以随意小"其明确的含义是什么? "随意小"随谁之意? 怎样操作(判断)即可保证这种"随意小"? 即定义缺乏可操作性和客观判断的标准. 因此, 又提出所谓"分析算术化"的问题, 这是魏尔斯特拉斯当时提出来的巩固分析基础的两点规划中的第二点, 显然, 这是十分复杂而困难的事情. 但毕竟有了规划, 也就有了实现的前景. 经有关数学家的努力, 在柯西工作的基础上, 终于在 19 世纪末, 圆满地解决了这个问题.

首先, 为了排除柯西极限定义中的含混之处, 魏氏参照人们用以控制近似值的精确度方法, 用一个小正数(任意的 $\varepsilon > 0$ 或 $\delta > 0$) 去描述、控制"随意小". 这里, ε, δ 作为任意一个, 虽然是静态的(可以运算、操作), 但既是"任意"的, 则包含了"随意小"的可能性; 其次, 魏氏认为, 必须对"自变量 x 无限趋近某一值 a" 和"函数 $f(x)$ 无限趋近某一值 A"同时加以控制, 他用的是如下不等式:

(1) $|x - a| < \delta$;

(2) $|f(x) - A| < \varepsilon$.

再次,魏氏分析了(1),(2)之间应具备的逻辑关系:由于(2)是应满足的要求,而(1)是为了满足(2)的要求应采取的措施((2)是"要多近",(1)是保证"有多近"的举措),那么提出(2)中的要求 $\varepsilon > 0$ 在先,且 ε 类似于"自变量",是任意给出的;(1)是举措,那么(1)中的 $\delta > 0$ 就是据 $\varepsilon > 0$ 的要求而找到的(或证明其确实存在的).因此,也就是任给 $\varepsilon > 0$ 在先,找到 $\delta > 0$ 在后,须满足重要条件(1)$\Rightarrow$(2).

弄清了这种逻辑联系之后,魏氏给出了极限的 $\varepsilon - \delta$ 定义:对于函数 $f(x)$ 来说,若对任意给定的 $\varepsilon > 0$,存在 $\delta > 0$,使得对满足 $0 < |x - a| < \delta$ 的任何 x,$|f(x) - A| < \varepsilon$ 都成立,我们就说 A 是 $f(x)$ 在 $x \to a$ 时的极限,记作 $\lim_{x \to a} f(x) = A$.

相应的数列极限的定义为:

对于数列 $\{a_n\}$ 来说,若对任意给定的 $\varepsilon > 0$,存在 N,使得对满足 $n > N$ 的任何 n,$|a_n - A| < \varepsilon$ 都成立,我们就说 A 是 $\{a_n\}$ 在 $n \to \infty$ 时的极限,记作 $\lim_{n \to \infty} a_n = A$.

这些定义来之不易,数学家为之付出了极大的代价,下面只对 $\varepsilon - \delta$ 定义略做评析,对 $\varepsilon - N$ 可类似认识.

(1)柯-魏极限的 $\varepsilon - \delta$ 定义已经历百年风雨,至今仍巍然屹立于数坛之上.自然,也有来自教育方面的非议,如说"ε 是微积分大门的高门槛""逻辑结构相当复杂"等,并妄图"以简单明快的方法"取而代之.本来"简洁明快"是数学的不懈追求,但种种尝试均不成功,有的愈弄愈复杂;有的先"省点事",然后再证等价,回归 $\varepsilon - \delta$.与其如此,何不努力像苏联数学家欣钦在《数学分析简明教程》中那样,在教学法加工上做好文章,通过认知规律和方法论解决问题.

(2)$\varepsilon-\delta$ 有多方面的优点:第一,极限的 $\varepsilon-\delta$(及 $\varepsilon-N$)定义,是数学历史发展的产物,是对"要多近,有多近"这种对极限概念的确切刻画的严格数学表述,科学发展证实了它的正确性.$\varepsilon-\delta$ 定义已成为世界数学家的共识.第二,$\varepsilon-\delta$ 定义是数学以有限方法处理无限的一个成功范例(同时应用了"以静制动"和每一——任一——某一的语言转换).第三,它具有可操作性:把"极限过程"化归为不等式求解(求 δ,求 N)过程,十分高明.第四,$\varepsilon-\delta$ 定义中的逻辑模式来自于生活和科学实践(对某项任务提出一定要求,执行者据之找到某种措施,并证明按此办理即能达到要求),这是一种非常重要的逻辑模式,是人们应通过数学学习掌握和强化的.

(3)难点分析和学习策略.$\varepsilon-\delta$(及 $\varepsilon-N$)定义确切地反映了极限概念的实质,因此,人们在学习 $\varepsilon-\delta$ 定义时感到困难,虽然也往往与教法不当有关,而实际上亦属必然,因为事情本身如此.虽然人类早就有了极限的直观概念,但是由 17 世纪创立微积分,到 19 世纪末奠定分析基础(实数理论的创立),确立科学的极限定义,用了 200 余年,而初学者却要在短短的一年、一学期甚至几周时间掌握它,如果没有困难,那反而是怪事了.极限概念(按 $\varepsilon-\delta$ 定义)本身,作为众多数学概念、数学理论的基础,哲学、逻辑思想的聚焦,作为事物由量变到质变的数学描述,联系着数学中有限无限的深刻关系,要学习它,掌握它,没有一点辩证思维,不了解一点它演变的历史概况,是不行的.

寻找科学的极限定义的过程,可以用框图(图 45)

予以显示.

总的目标是将柯西的极限定义量化、科学化,具体地变为边寻找 C(如何转化)边确定 B(向哪里转化,转化成什么)的过程,这过程经历百年沧桑,终于如愿以偿.

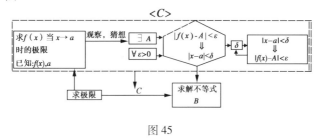

图 45

4. 整体把握

一个人徒手拿排球,可以拿多少? 最多不过四五个. 可有了网兜就不同了. 在数学里,我们也总想找适当的"器具"把所有零散的点、线段"盛"起来,把散装的平面图形"集中"起来,把各种类型的数"装"起来,做统一的考虑.

1° 现在,在平面几何和立体几何中,运用"直线""平面"的概念,就有这样的考虑,即把它们作为器皿,统一地"装载"和代表其中无限多个图形的位置. 比如,当我们说"$\triangle ABC$ 的边 BC 上的高"时,指的是过点 A 垂直于 BC 所在的直线(有时干脆说成直线 BC)上 A 到垂足间的线段(的长);说棱锥 $V-ABCD$ 顶点 V 在底面 $ABCD$ 上的射影,也是指点 V 在四边形 $ABCD$ 所在平面的射影. 在画立体图形时,往往要画出某些元素所在的平面以为衬托,也是这个意思. 这样来理解平面几何、立体几何中的"直线""平面"的概念,就容易弄清由公理描述的性质.这正是以有限的整体把握无限多分散对象的一种方法.

2° 集合论的研究始于 1870 年康托的一篇论文.为弄清"集合"的概念,我们在这里略微整理一下有关知识.

一般认为,一个集合 A 也就是具有某种共同性质 P 的许多事物的总体,但需要满足如下条件(其中 $x \in A$ 表示 x 是 A 的元素," $\in$ "读作属于," $\notin$ "读作不属于):

Ⅰ.确定性:给定集合 A 和任一事物 x,则 $x \in A$ 或 $x \notin A$,二者必居其一;

Ⅱ.互异性:集合中同一元素只出现一次;

Ⅲ.无序性:一般集合中的元素,不考虑顺序,如 $\{a,b\} = \{b,a\}$.

条件Ⅰ有时也说成:设 $A = \{x \mid x$ 具有性质 $P\}$,那么一方面,A 中的元素都具有性质 P(纯粹性、不杂),另一方面,凡具有性质 P 的元素,皆在 A 中(完备性,不漏).例如:方程 $F(x,y) = 0$ 的曲线就是点的集合 $\{(x,y) \mid F(x,y) = 0\}$.

继之,我们用两种方法(两套概念)描述集合间的关系.一是建立集合间子、交、并、补的关系或运算,二是在集合间建立映射的关系.这都是非常有用的.

3° 深入认识若干数集.

我们经常和 $\{$自然数$\} = \mathbf{N}$,$\{$整数$\} = \mathbf{Z}$,$\{$有理数$\} = \mathbf{Q}$,$\{$实数$\} = \mathbf{R}$,$\{$复数$\} = \mathbf{C}$ 等集合打交道,但我们对它们的认识往往很肤浅,只知其一,不知其二.比如,它们都是无限集,就都"一样"吗?如"不一样",有什么区别和联系?什么叫"有限集""无限集""元素个

126

数一样多"? 这些司空见惯的概念大约也不好说清楚. 但不好说也要说, 有了集合论的初步知识, 已经可以说清楚了. 首先, 按定义, 我们知道

$$\mathbf{N} \subsetneqq \mathbf{Z} \subsetneqq \mathbf{Q} \subsetneqq \mathbf{R} \subsetneqq \mathbf{C}$$

("$\subsetneqq$"读作"真包含于", $A \subsetneqq B$ 表示 A 是 B 的真子集). 如果设 $N_m = \{1, 2, \cdots, m\}$ (前 m 个自然数的集合), 而在集合 K 与 N_m 间可以建立一一对应 (即"一一映射". 这就是我们通常数(shǔ)事物的实际含义)

$$f: K \leftrightarrow N_m$$

那么 K 就叫作有限集, 而且 K 的基数 (即 K 中元素的个数)

$$|K| = \operatorname{card} K = \operatorname{card} N_m = m$$

这样, 就具体地说清了什么是有限集, 什么是元素个数, 元素个数一样多是什么含义. 进而, 对任何两个有限集 A 和 B, 容易知道

$$A \subsetneqq B \Rightarrow \operatorname{card} A < \operatorname{card} B$$

再来看看无限集. 设奇、偶数的集合分别为

$$N_j = \{2n - 1 \mid n \in \mathbf{N}\}$$
$$N_o = \{2n \mid n \in \mathbf{N}\}$$

则映射 $f: 2n - 1 \to 2n$ 显然是 N_j 到 N_o 的一一对应, 于是 $\operatorname{card} N_j = \operatorname{card} N_o$, 这一般不会产生疑义的. 现在我们来建立 N_j 到 $\mathbf{N}$ 的一一对应: 事实上

$$f: n \to 2n - 1$$

就是 $\mathbf{N}$ 到 N_j ($f^{-1}: m \to \dfrac{m+1}{2}$ 是 N_j 到 $\mathbf{N}$) 的一一映射

$$\operatorname{card} N_j = \operatorname{card} \mathbf{N}$$

但 $N_j \subsetneqq \mathbf{N}$, 于是我们证明了一个非凡的命题: 自然数集与它的一个真子集基数相同 (也叫等势) 或用日常语

言:自然数与奇数一样多. 这是任何无限集的一条特征性质

A 为无限集 $\Leftrightarrow$ 存在 $B \subsetneqq A$ 使 card $B =$ card A

或说成:一个集合为无限集的充要条件是它可以和自己的一个真子集建立一一对应.

因为 $\mathbf{N}$ 的元素可排成一排: $\{1,2,3,\cdots,n,\cdots\}$,所以称 $\mathbf{N}$ 为可列集或可数集(其基数记作 $a =$ card $\mathbf{N}$,称为可数势),与 $\mathbf{N}$ 基数相同的集合也叫可数集. 如奇数集 N_j,整数集 $\mathbf{Z}$ 等都是可数集.

我们现在就用集合论历史上的一种"功勋方法"(为集合论"立过大功")来证明 card $\mathbf{Q} =$ card $\mathbf{N}$.

自然数仅在数轴一端稀疏地分布着,而有理数在数轴上是处处稠密的(因任何两个不同有理数间还有有理数 $\dfrac{a+b}{2}$,故有无穷多个),这里竟然说"有理数与自然数一样多",而且还要"证明"! 有没有弄错?

自然没有弄错,那将如何把稠密的有理数排成一排呢?

集合论创始人康托是这样想的:

任何有理数都可以写成 $\dfrac{q}{p}$ 的形式,其中 p 为自然数,q 为整数,为了不重复,需让 p,q 互素(没有 ± 1 以外的公约数),于是就可以把 0 和既约分数排成一个图. 如图 46 所示,其图有如下特点:

第一,图的左、上两个边是"起始边",向右和向下无限延伸;第二,任何有理数都在图中恰好出现一次. 这样,按箭头所指的对角线方向和顺序即可把表中的数排成一排

$$\begin{array}{ccccccc}
0 & \dfrac{1}{1} & \dfrac{-1}{1} & \dfrac{2}{1} & \dfrac{-2}{1} & \dfrac{3}{1} & \dfrac{-3}{1} & \cdots \\[2mm]
 & \dfrac{1}{2} & \dfrac{-1}{2} & \dfrac{3}{2} & \dfrac{-3}{2} & \dfrac{5}{2} & \dfrac{-5}{2} & \cdots \\[2mm]
 & \dfrac{1}{3} & \dfrac{-1}{3} & \dfrac{2}{3} & \dfrac{-2}{3} & \dfrac{4}{3} & \dfrac{-4}{3} & \cdots \\[2mm]
 & \dfrac{1}{4} & \dfrac{-1}{4} & \dfrac{3}{4} & \dfrac{-3}{4} & \dfrac{5}{4} & \dfrac{-5}{4} & \cdots \\[2mm]
 & \dfrac{1}{5} & \dfrac{-1}{5} & \dfrac{2}{5} & \dfrac{-2}{5} & \dfrac{3}{5} & \dfrac{-3}{5} & \cdots \\[2mm]
 & \dfrac{1}{6} & \dfrac{-1}{6} & \dfrac{5}{6} & \dfrac{-5}{6} & \dfrac{7}{6} & \dfrac{-7}{6} & \cdots \\[2mm]
 & \vdots & \vdots & \vdots & \vdots & \vdots & \vdots &
\end{array}$$

图 46

$$\mathbf{Q}:0,1,-1,\frac{1}{2},\frac{1}{3},-\frac{1}{2},2,-2,\frac{3}{2},-\frac{1}{3},\frac{1}{4},\cdots$$

由上"第二"知,这也就是把 **Q** 中的数排成了一排,这也就建立了 **Q** 同 **N** 间的一一对应关系

$$f:0\rightarrow 1,1\rightarrow 2,-1\rightarrow 3,\frac{1}{2}\rightarrow 4,\frac{1}{3}\rightarrow 5,\cdots$$

可见　　　　　　　card **Q** = card **N** = a

受到有理数"排队"成功的鼓舞,我们想一鼓作气,一举"把一切实数也排成一列",从而"证明" card **R** = card **N** = a. 为了便于操作,先把区间$(0,1)$中的实数排排看. 怎样排? 实数中的无理数不可能表示成两整数之比形式的分数(要是想法不对的话,问题可能就出在这里!),但我们想到了小数,区间$(0,1)$中的数都可以表示为形如

$$0.\alpha_1\alpha_2\alpha_3\cdots \quad (\alpha_i\text{ 是数码})$$

129

的纯小数. 为了使表示法唯一,以免重复或遗漏,对于可能有两种表示法的,如

$$0.5 = 0.500\ 0\cdots = 0.499\ 9\cdots$$

我们就取 $0.500\ 0\cdots$(无穷多个 0 的),而不用 $0.499\cdots$ 和 0.5. 其他一律如此,这样,$(0,1)$ 间的每个实数也就有了唯一的无限小数表达式了.

现在,以 $x_{ij}(i,j \in \mathbf{N})$ 表示数码 $0,1,\cdots,9$. 而且我们用某种巧妙的方法(如"对角线法"或其他方法),把 $(0,1)$ 间的数无一遗漏地排成了一排

$$x_1, x_2, x_3, \cdots, x_m, \cdots$$

如果令 $x_i = 0.\ \alpha_{i1}\alpha_{i2}\alpha_{i3}\cdots\alpha_{in}\cdots$,则也就是排成了

$$x_1 = 0.\ \alpha_{11}\alpha_{12}\alpha_{13}\alpha_{14}\cdots\alpha_{1n}\cdots$$
$$x_2 = 0.\ \alpha_{21}\alpha_{22}\alpha_{23}\alpha_{24}\cdots\alpha_{2n}\cdots$$
$$x_3 = 0.\ \alpha_{31}\alpha_{32}\alpha_{33}\alpha_{34}\cdots\alpha_{3n}\cdots$$
$$x_4 = 0.\ \alpha_{41}\alpha_{42}\alpha_{43}\alpha_{44}\cdots\alpha_{4n}\cdots$$
$$\vdots$$
$$x_m = 0.\ \alpha_{m1}\alpha_{m2}\alpha_{m3}\alpha_{m4}\cdots\alpha_{mn}\cdots$$
$$\vdots$$

显然 $0 < x_m < 1$. 且按规定,每个 $(0,1)$ 间的实数都在表中有了自己唯一确定的位置,于是有 card $\mathbf{R} = \cdots$,且慢! 我们还是不要急于下结论,仔细查查看是否有遗漏. 当年康托就是留了个心眼,用"对角线法则"查出一个(何止一个! 但这里一个已足)漏排之数

$$y = 0.\ \beta_1\beta_2\beta_3\beta_4\cdots\beta_m\cdots$$

其中

$$\beta_m = \begin{cases} 1 & 若\ \alpha_{mm} = 0 \\ 0 & 若\ \alpha_{mm} \neq 0 \end{cases}$$

所以　　　　　　　　$0 < y < 1$

于是对任何 $m=1,2,3,\cdots,\beta_m \neq \alpha_{mm}$，故 $y \neq x_m$，这就是说 y 确实是漏排了的,实际上也就说明:你根本找不到(因为它实际上不存在!)把$(0,1)$中的所有实数排成一列的方法,更不用说 **R** 了! 可见 **R** 与 **N** 根本无法建立一一对应关系,因此,card **R** $\neq$ card **R** . 又因 **N** $\subset$ **R**,所以 card **R** 实际上比 card **N** 要"大"! **R** 是不可数.

对如上证明,不难体会到 **R** 不可数的根源是 **R** 中的无理数表示不成 $\dfrac{q}{p}$ ($p \in$ **N** , $q \in$ **Z**) 的形式,于是只好求助于"小数",无穷小数(因其中有无限不循环小数)实际上并没有为我们提供给实数排队的方法,我们说"用某种方法全部排出来了",结果又被挑(构造)出一个漏网者.

如果我们记 card **R** $= c$ (称为连续统基数或势),则 c 是比 α 更"高级"的无穷大. 如果以 D_1, D_2, D_3 分别表示直线、平面、空间的点集,则可以证明
$$\text{card } D_1 = \text{card } D_2 = \text{card } D_3 = c$$
以及 card **C** $= c$ (**C** 为复数集). 有没有比 c 更高的势(即比 **R** 元素更多的集合)? 我们可以依照如下制造元素越来越多的有限集的方法,来制造元素越来越多的无限集. 首先,令 card $A = m \in$ **N**,则不难(用归纳法或二项式定理)证明
$$\text{card } \{X|X \subseteq A\} = 2^m$$
如果 A 是无限集,则我们证明了:若 card $A = \alpha$,则 card $\{X|X \subseteq A\} = 2^\alpha$,$2^\alpha$ 是比 α 更高级的势. 可现在不知道在可数势 α 与连续统势 c 之间,是否存在另外的无穷势. 这是希尔伯特 1900 年提出来的 23 个著名问题之一.

131

5. 递推方法与构造方法

1° 人们用有限把握无限的又一有力方法,是递推方法. 由于在我们通常的运算中. 已经蕴含了无限性(实际上是空间和时间的无限可能性的反映),比如"每次加 1"即可走遍 $\mathbf{N}$,因空间时间都容许,前面我们讲"式子变形成全了数学归纳法",即成全可以遍历 $\mathbf{N}$,说明式子变形中孕育着无限性. 我们以上节最后的猜想

$$\text{card } A = m \in \mathbf{N} \Rightarrow \text{card}\{X \mid X \subseteq A\} = 2^m$$

的证明为例

card $A = m \in \mathbf{N}$,可设 $A = \{a_1, a_2, \cdots, a_m\} = A_m$. 由于 A_1 的子集有 $\varnothing$ 和 A_1,card$\{X \mid X \subseteq A_1\}$ = card$\{\varnothing, A_1\} = 2^1$. 故 $m = 1$ 时命题成立,设 card $A_m = 2^m$,考虑

$$A_{m+1} = \{a_1, a_2, \cdots, a_m, a_{m+1}\} = A_m \cup \{a_{m+1}\}$$

其子集可分两类:一是 A_m 的子集,按假设共有 2^m 个,另一类是 $X \subseteq A_m$ 添加 a_{m+1} 而得:$X' = X \cup \{a_{m+1}\}$,按假设,也有 2^m 个,所以

$$\text{card}\{X \mid X \subseteq A_{m+1}\} = 2^m + 2^m = 2^{m+1}$$

另外,乘、除、开方、乘方均会导致无限,这是大家都知道的. 我们在第 1 章第 4 节的 3 中,曾举过不少简单的算术、几何迭代的例子,是以迭代(也叫递推、递归)把握和认识无限的.

如对数列 $\{a_n\}$ 来说,把握了它的递推式

$$a_{n+m} = f(a_{n+m-1}, \cdots, a_n)$$

或通项公式 $a_n = F(n)$,也就把握了数列本身.

这种递推方法在人类识数、记数方面,也起着至关

重要的作用,而数学归纳法和递推公式,不过是两项典型应用而已.

华罗庚在《数学归纳法》这本小册子中,曾描绘过小孩子识数的生动过程:

小孩子识数,先学会数 1,2,3;过些时候,他能数到 10 了;又过些时候,会数到 20,30,…,100 了. 但后来……到了某一时候,他领悟了,他会说:"我什么数都会数了".

华罗庚评论说:"这一飞跃,竟从有限飞到了无穷! 怎么会的? 首先,他知道从头数;其次,他知道一个一个按次序地数,而且不愁数了一个以后,下一个不会数,也就是他领悟了下一个数的表达方式,可由上一个数来决定. 于是,他就会数任何一个数了."分析起来,不过是如下三点:

(1)数码的顺序:0→1→2→…→9→0→…

(2)逢十进位:9→10,19→20,…,99→100,…

(3)数的读法(名称)上的循环性:十,百,千,万→十万,百万,千万,万万(亿)→十亿,百亿,千亿,万亿(兆)→……

这是汉语的特点,"万"是大数读法中的固定单位,要想把大数一口读出,则必须运用"四位分段",如

　　　123　4 567　8 910　2 345

可立即读出:123 万 4 567 亿 8 910 万 2 345. 如按三位分段

　　　123　456　789　102　345

则一口读不出(想读出,还要从后向前报:个,十,百……非常麻烦).西译中,要适于汉语习惯,要把适

于西文"千"为固定单位的三位分段改写成四位分段.
这本是一种常识,只是由于译者"忘记"了西文中文的
这种差异,仍用三位分段,不料竟由"习惯"变成了"法
规":何时才能理顺?

自然,识数读数的方便,是位值制记数法带来的.
按这种记数法,例如,2 726 不过是

$$2 \times 1\,000 + 7 \times 100 + 2 \times 10 + 6$$

的缩写,读数也有相应规定,这样一来,无穷多个数
(在 $\mathbf{N},\mathbf{Z},\mathbf{Q}$ 中的)可以用有限多个符号(p 进制用 p
个数码、负号、小数点、循环点等)来书写和命名了.试
想若一数一符(名),那么不仅记写非常困难(数学史
上有过这样的时期),而且实际上,只能运用和认识有
限多个数,而且要随时给"新数"定符和命名,因此,认
识无限多个数,是办不到的.

这说明,在"位值制"记数法中,隐含着无限性,预
示着"无穷多个数"的存在.这说明,应用"位值制"记
写和把握数,实在是高明之举.

2° "位值制"记数法,用有限个符号记写无穷多
个数,之所以能够如此,是得益于构造:用符号按一定
方式和原则拼写成所要的数.

上一节我们还研究了用集合的子集构造的新集合
($M = \{X \mid X \subseteq A\}$,叫作 A 的幂集)的基数的问题.自然,
也还有其他的构造方法.如由 $\mathbf{Z}$ 构造

$$A = \left\{\frac{q}{p} \mid p,q \in \mathbf{Z}, p > 0, p,q \text{ 互素}\right\}$$

则 A 是什么?显然 $A = \mathbf{Q}$.设 $B = \{a + bi \mid i^2 = -1, a,$
$b \in \mathbf{R}\}$,则显然,$B = \mathbf{C}$.可见,由一个集合中元素通过
运算构造的集合,可能是新集合.除上例之外,还有很

多重要例子,如用$\{1\}$,$\{1,-1\}$经反复运算"$+$"构造的集合

$$\{\{1\};+\}=\mathbf{N},\{\{1,-1\};+\}=\mathbf{Z}$$

群、环、域、线性空间等,常采用"以基底构造和把握它们"的方法. 构造不出新集合的,例如

$$\{\mathbf{Q};+\}=\mathbf{Q},\{\mathbf{R};+,-,\times\}=\mathbf{R}$$

这叫作有理数集对加法封闭,实数集对加、减和乘法封闭.

构造方法另一重要运用是"公理方法". 比如,由千千万万条欧氏几何命题组成的庞大家族,欧几里得 – 希尔伯特就是用如下"公理系统"把它建设起来的:

欧 – 希公理系统

- 基本概念
  - 基本元素(元名):点、直线、平面
  - 基本关系(元谊)
    - 结合关系
    - 顺序关系
    - 合同关系
- 公理
  - 结合公理 $I_1 \sim I_8$
  - 顺序公理 $II_1 \sim II_4$
  - 合同公理 $III_1 \sim III_5$
  - 连续公理 $IV_1 \sim IV_2$
  - 平行公理 V
- 推理模式:形式逻辑基本演绎推理模式

这实在是极其高明的方法,因此已遍用于一切数学分支.

6. 恭迎悖论

审问小偷,斥责曰:"你尽说假话!"偷儿答:"是的,我这句就是假话."那么审问者是否应相信他的话呢? 如果相信(他这句是真话),那么就是相信"这句是假话";反之,如果不相信(他这句是真话),就是认为他这句是假话,但他已承认这句是假话,可见他说的是真的.即这小偷的话 b 有这样的特点:

若认为 b 真,则 b 假;

若认为 b 假,则 b 真.

这样的语句、命题 b 就叫悖论,也就是自相矛盾的命题.一般认为:自相矛盾的命题是不真实的命题,在"形式逻辑"中遵循"矛盾律",以排除矛盾;在数学公理体系中,则要求独立性、完备性和相容性(无矛盾性).这样说来,"悖论"是令人厌恶、躲之唯恐不及的东西,为什么还要"恭迎"它呢? 此事一言难尽.在说明之前,先讲两个故事.

古代有一个制售兵器的匠人,宣称自己的"长矛"所向无敌,能刺穿任何的"盾";而自己的"盾"呢,又能抵挡任何矛.于是有人问:"以子之矛刺子之盾,将会如何?"匠人无以作答,陷于"矛盾"之中.

这就告诉我们,做事立论需前后协调,自圆其说;另一方面,在应用"一切"、"任何"等词汇时,要特别小心,因其中往往隐藏着"悖论".数学是精致讲理的学科,深谙数学要旨的人,不仅个人思维顺畅协调,而且常能以逻辑武器,克"敌"制胜.第二个故事也是非常耐人寻味的.

据香港《明报月刊》1987 年 12 月号载:

1987 年 9 月 30 日,香港中文大学举行了一场难得一见的宗教辩论,题目为"相信神的存在是更合理吗?"由加拿大学院传道会的巡回讲员韩那

（M. Horner）对中文大学哲学系讲师李天命博士.

所谓不是猛龙不过江,韩那自 1974 年开始,即替学院传道会到世界各地大学,与非基督教徒的学者进行有关"神是否存在"的辩论,而且战绩彪炳.而李天命博士则以善辩著称,且是校内最受欢迎的哲学系讲师.故此这场辩论吸引了 1 700 名中文大学师生出席.

两位高手过招之后,由 800 名出席者评分,结果认为韩那获胜的有 190 人,认为李天命获胜的有 380 人.另有 140 人认为两人打成平手.

辩论的情况是这样的:正方韩那的立场是相信神的存在比较合理.举出六个论点,都是说:"神是……最好解释",反方李天命的立场是"有神论并非比无神论合理",并指出这里的"合理",是指逻辑上的合理不合理.至于上帝或神,按正方心目中所指,是基督教正统教义下的上帝,那是包括"无所不能"、"无所不在"等诸如此类的属性的.李天命博士指出:"无所不能"的说法暗含矛盾:

如果说上帝是无所不能的,那么有个问题:上帝有没有办法造出一块它自己不能举起的石头?如果做不到,那么就有所不能;如果造出来了,那么它自己不能举起这块石头,也是有所不能.

这就说明,"无所不能"的上帝是不可能存在的.因此,相信上帝存在自然不合理.这是任何正常人都能理解的.因此,韩那败北,他败在"无所不能的上帝"是个悖论.

日常生活中这种悖论时有出现.比如:一个去克里特岛旅游的人,碰见一个克里特岛的人告诉他说:"克里特岛的人没真话"——就是个悖论;又如某处墙上

贴一张条子说"此处不许张贴",也是个悖论. 这都不要紧,要紧的是 1903 年数学家罗素发现了一个集合论的悖论:

所有集合分为两类:一类是自己是自己元素的集合;一类是自己不是自己的元素的集合. 现在考虑由自己不是自己元素的集合组成的集合:$A = \{X \mid X \notin X\}$. 那么 A 是否属于 A?

若 $A \in A$,按定义,它就不是 A 的元素,即 $A \notin A$.

若 $A \notin A$,按定义,它就是 A 的元素,即 $A \in A$.

因此这是个悖论,叫作罗素悖论.

罗素悖论如此简单,而且出现在被认为是各数学分支共同基础的集合论之中,等于数学"后院起火",因而酿成"第三次数学危机",到底是祸还是福呢?

首先,它是祸,它的出现动摇了许多人对数学的信心,使扬言要给数学动大手术(砍掉无理数,驱除无限性,废止排中律和纯存在性的证明等)的直觉主义学派兴起,害得一批数学家不得不再审视数学基础,再审视集合论本身.

其次,它是福,对集合论的重新审视导致了"公理集合论"的诞生和集合论的进一步发展,使人们清醒地认识数学和对待新旧概念. 特别地,它促进了数学家、哲学家去研究悖论,开发利用悖论这颗镶嵌在数学与逻辑学中的智慧明珠,使人类变得更聪明.

而且事实上,悖论已为我们做了不少的事情:它帮助李天命博士揭示出"神"这个概念中的自相矛盾的性质(因而证实了"相信神存在"的不合理性);它帮我们证实了实数集中成员远比自然数、有理数的成员"多",多到不可数;它帮我们"把关",防止一切自相矛盾的东

西进入数学,进而清理已渗入者,以进一步加固基础.

最后,我们再引述一个故事以结束本章:1931 年奥地利数学家哥德尔发表了一篇惊世骇俗的论文"论数学原理中的形式不可判定命题及有关系统",对公理化"致命"的断言是:如果一个形式理论 T 足以容纳数论并且无矛盾,则 T 必定是不完备的. 这意味着,有这样一个数论的语句 S,使 S 和非 S 用这个理论都证明不了,因为 S 和非 S 中总有一个为真,于是就有一个数论的语句 S,它是真的,又是不可证明的,故不可判定. 因此人们称之为"哥德尔不完备性定理". 此定理的证明过于专门化,以致很难理解,好在颇负盛名的数学史和方法论大家哈尔英斯在《数学:确定性的丧失》这本著作中有如下的精彩叙述:

人们还可以从下面的例子中把握和领会哥德尔的方案的精髓所在. 观察这样的陈述:"这句话是假的."若这句话为真,它断言自己是假的;如果该句话为假,那么它为真. 对此,哥德尔用"不可证明"取代"假",这时句子变为:"这句话是不可证明的". 于是,如果这句话不可证明,那么它讲的是真的;相反,如果这句话可以证明,那么它为假,或者按标准逻辑表述:如果它为真,则不可证明. 因此,当且仅当不可证明时这个陈述为真. 这个结果没有矛盾,但却出现了一个不可判定的真陈述.

世界上的事情是何等地有趣:希尔伯特提出形式化系统构想的初衷在于消除悖论产生的根源,哥德尔却从悖论中获得灵犀,一举证明了"任何形式化系统都是不完全的".

你看,悖论再一次告诉我们:对数学同样要保持清醒的认识.

转化的技艺

许多人说数学是"思维科学",数学家许宝騄先生以自己的切身体会则强调"做的数学与数学的做". 王梓坤院士还以"一艺之学,手脑并用"为题写了一则精妙的短文,收在《科学发现纵横谈》一书中,该文说:"学任何功课,都要手脑并用,数学要做习题,物理要做习题和实验,学文科要写文章、做调查研究. 所以古人说'一艺之学,智行两尽,就是说,既要思考,又要实践'."

本书是研究数学中的"转化"问题的,转化

$$A \xrightarrow{(C)} B$$

有三要素,在前两章,我们对转化前后的对象 A 和 B 进行了较多的研究,结合数学中许多重大事件,分析了数学转化的规律,以及数学如何通过转化去发现和认识客观现实中的数量关系. 在本章,我们将着重对数学转化的技艺 C 做一些探讨.

第 1 节 正难则反

现实事物的对立统一规律,在数学思维中的反映既明显,又充分. 比如,大部分的重要概念都是成对出现、互相依存的. 数学中相当多的转化,都是正反互化,相反相成. 数学思维有一项高明的策略,叫作"正难则反",就是说如果正面突破较为困难的话,则可从反面考虑. 这可用于反面理解,举反例,反面解决,运用反证法等.

1. 反面理解例说

什么是"反面理解"? 就是当对一个概念或命题感到比较模糊时,可以考查一个它的反面,反面弄清楚了,一般说来,就能澄清正面思考的模糊之处,我们看几个例子.

通常,对三角形中位线定理:三角形两边中点连线必平行于第三边且等于第三边的一半.

是这样证明的:

设 D,E 分别为 $\triangle ABC$ 的边 AB 和 AC 的中点. 我们要证明 $DE \underline{\text{∥}} \frac{1}{2}BC$.

为此,我们作 $DE' \mathbin{/\mkern-5mu/} BC$ 交 AC 于 E'(图 47(a)),则按平行截割定理,有

$$\frac{AD}{DB} = \frac{AE'}{E'C} = 1$$

即 E' 是 AC 中点,已知 E 是 AC 中点,故 E' 与 E 重合,故 $DE /\!/ BC$.

再设 F 是 BC 中点(图 47(b)),则同理可证 $EF /\!/ AB$,于是 $BDEF$ 是平行四边形. 所以

$$DE = BF = \frac{1}{2}BC$$

合写就是

$$DE \underline{/\!/} \frac{1}{2}BC$$

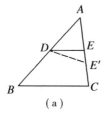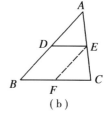

（a）　　　　　　　　　（b）

图 47

评析　证明的关键是证平行,而证 $DE /\!/ BC$ 用的是同一法,而关键在于 E' 与 E 重合. 重合的理由是 E' 和 E 都是 AC 的中点,而 AC 只有一个中点.

可是为什么"线段只有一个中点"?书上既无此公理,又无此定理. 那怎么去理解呢?如果像一般人所做的那样"承认就是理解",那么只能是"含糊地知道",而不能使人心服口服.

为了真正弄清缘由,可从反面考虑:如线段有多余的一个中点,会怎么样?我们干脆证明:

对任何实数 $k > 0$,设线段 AB 上的点 C 满足 $AC:CB = k$,则 C 是唯一的.

从反面考虑:设 C' 是 AB 上不同于 C 的另一点,且

也满足 $AC':C'B = k.$（图 48），则有

$$\frac{AC}{CB} = \frac{AC'}{C'B}(\ = k)$$

两边加上 1

$$\frac{AC}{CB} + 1 = \frac{AC'}{C'B} + 1$$

$$\frac{AC + CB}{CB} = \frac{AC' + C'B}{C'B}$$

即

$$\frac{AB}{CB} = \frac{AB}{C'B}$$

$$CB = C'B$$

图 48

按"线段相等"的定义知 C 与 C' 是同一点，这与"设 C' 是不同于 C 的点"矛盾. 可见，C 是唯一的.

这就证明了"线段定比为 k 的分点是唯一的". 特别是，线段的中点是唯一的. 可见，反面理解能帮我们弄清事情的真谛. 事实上，在我们按现行教材学习而建立的数学认知结构中，有大量的唯一性只是默认的，有的提出而未证，有的干脆未提出，如平面、直线垂线的唯一性，直线的垂面的唯一性，多项式因式分解的唯一性（差一个正常因数），直线的一般式方程的唯一性等. 因而使我们的知识多有漏洞，面对的越是基本的问题，越是无能为力. 我们开头强调"数学的做"，"一艺之学，手脑并用"，就是以此题的分析为契机，抓住"唯一性"之类的问题，逐一深究，必有所悟.

再举一个例子，是由下面这个故事引起的：据说，毕达哥拉斯学派是希腊公元前有影响的数学家团体,他们已知道"黄金分割"、关于直角三角形三边关系的定理等,由此定理导出,边长为 1 的正方形的对角线长为 $\sqrt{1^2+1^2}=\sqrt{2}$,这是一个什么数呢? 对于只承认"作为整数之比的数"的毕氏门徒,这可是天大的难题:用正方形一边(及其十分之一,百分之一等)经有限次度量它的对角线,却量不出一个数来,这可是他们自己把自己逼进了矛盾的深渊,从而招来"第一次数学危机". 毕达哥拉斯学派是怎样知道 $\sqrt{2}$ 不是(有理)数的呢?

这就是我们要研究的问题:

求证:$\sqrt{2}$ 不是有理数.

从"不是有理数"这否定式的表述中,我们能得出什么呢? 可以得出"$\sqrt{2}$ 表示不成 $\dfrac{n}{m}$ 的形式",下边如何操作呢? 难于入手. 为了方便操作,我们需要一种肯定式的表述. 于是从反面考虑:

设 $\sqrt{2}$ 是有理数(即可以通过有限次度量而得的数,也就是可写成两整数之比的数),则可设

$$\sqrt{2}=\frac{n}{m} \quad (m,n\in\mathbf{N},m \text{ 与 } n \text{ 互素})$$

两边平方,得

$$2=\frac{n^2}{m^2}$$

即

$$n^2=2m^2$$

这说明,n^2 是偶数,故 n 是偶数(因若 n 为奇数,n^2 也是奇数),可设 $n=2p(p\in\mathbf{N})$,于是

$$(2p)^2=2m^2$$

$$2p^2 = m^2$$

可见，m 亦为偶数. 当前已推出 n 是偶数，于是 m, n 有公约数 2，与前面假设 m, n 互素即 $(m, n) = 1$ 矛盾. 矛盾是由"设 $\sqrt{2}$ 是有理数"引起的. 因此，要想消除矛盾，只有承认"$\sqrt{2}$ 不是有理数".

只承认有理数是数，现在 $\sqrt{2}$ 也必须是数（因边长为 1 的正方形对角线应该有长度），还有长为 2，宽为 1 的矩形对角线长 $\sqrt{5}$，一直角边长为 1，斜边长为 2 的直角三角形另一直角边长 $\sqrt{3}$ 等，也必须承认是数. 问题如何解决？"拒之门外"将要违背现实，另一个办法就是转变数的观念，扩充数的范围：承认 $\sqrt{2}, \sqrt{3}, \sqrt{5}$ 等也是数

$$\left. \begin{array}{l} \dfrac{n}{m}(n \in \mathbf{Z}, m \in \mathbf{N})（命名为：有理数） \\[2mm] 表示不成 \dfrac{n}{m} 形式的数（命名为：无理数） \end{array} \right\} （命名为：实数）$$

用现代数学符号表述，就是

$$\mathbf{Q} \cup \{无理数\} = \mathbf{R}$$

这种通过扩充数系，吸收新数（如 $\sqrt{2}$ 等），化解矛盾的方法，自然高明，但这是通过"反面思考"而实现的.

数学史上还有一件惊人的大事，就是作为构成自然数的素数到底有多少？是有限多还是无限多？

有人认为，欧几里得证明了素数有无限多. 他的做法是：

2，3 是素数，$2 \times 3 + 1 = 7$ 也是，$2 \times 7 + 1 = 15 = 3 \times 5$，5 是个新素数，$2 \times 5 + 1 = 11$ 也是，$3 \times 5 + 1 = 2^4$ 未得新素数……这样下去，无法保证总是得新素数，怎样

才可以保证总能得到新的素数呢?

　　欧氏这样做:2,3 是素数,$2 \times 3 + 1 = 7$ 是新素数;$2 \times 3 \times 7 + 1 = 43$ 是新素数;$2 \times 3 \times 7 \times 43 + 1 = 1\ 807 = 13 \times 139$,得两个新素数 13 和 139. 考虑 $2 \times 3 \times 7 \times 43 \times 13 \times 139 + 1$,它本身是新素数或可以分解出新的素数. 一般的,若已知的全部素数为 $p_1 = 2, p_2 = 3, \cdots, p_n$,那么考虑 $p = p_1 p_2 \cdots p_n + 1$,则 p 本身为素数,或将 p 分解为素因数乘积的形式:$p = q_1^{\alpha_1} q_2^{\alpha_2} \cdots q_m^{\alpha_m}$,则 q_i 必与 $p_1, p_2, \cdots, p_n$ 不同,无论如何,总是产生了新素数. 因此,素数有无限多(见欧氏《几何原本》卷 IX 的"命题 20:预先任意给定几个素数,则有比它们更多的素数").

　　在"任给若干,还有更多"这种对"无限多"的意义的理解之下,欧氏确实证明了"素数有无限多". 但给人的印象是:欧几里得给出了一个用构造性方法"生产"新素数的程序,但并没有严格证明素数有无限多. 因为我们对无限的性质所知甚少,这种正面的证明,似缺乏逻辑说服力. 然而,若改为反面思考,则可获得严格有力的证明.

　　求证:素数有无限多个.

　　设素数仅有有限多个:$p_1, p_2, \cdots, p_n$ 为全部素数,考虑数 $p = p_1 p_2 \cdots p_n + 1$,若 p 是素数,则与 $p_1, p_2, \cdots, p_n$ 不同;若 p 不是素数,则它必可被某素数 q 整除:$p = qp'$,因 $p_1, p_2, \cdots, p_n$ 不是 p 的因数,故均与 q 不同,于是我们在 $p_1, p_2, \cdots, p_n$ 之外,又找到了新素数 q. 前面说 $p_1, p_2, \cdots, p_n$ 为全部素数,后面又找到了新素数,前后矛盾.

　　可见,素数有无限多个.

2. 反证法

1° 反证法.

大家熟悉的反证法可以用符号加以确切表述:以 P,Q,R 等表示命题,"→"表示"如果……那么……", $\overline{X}$ 表示 X 的否命题(即条件与 X 相同,结论与 X 相反的命题). 那么像"$P \to Q$", $P \wedge \overline{Q}$($\wedge$ 读作"并且")等,仍是命题. 这样,如原命题为

$$P \to Q$$

则反证法就是

$$(P \wedge \overline{Q} \to R \wedge \overline{R}) \to (P \to Q) \qquad ①$$

此式表示:把 $\overline{Q}$ 与 P 同时考虑,若推出一个矛盾 $R \wedge \overline{R}$,则原命题必然成立.

如果有 $R = P$,上式左边即为 $P \wedge \overline{Q} \to P \wedge \overline{P}$,相当于 $\overline{Q} \to \overline{P}$,这就是原命题 $P \to Q$ 的逆否命题,于是①化为

$$(\overline{Q} \to \overline{P}) \to (P \to Q)$$

因此,有人说反证法就是证明命题的逆否命题,只是说出了反证法的一种特殊情况,而不能概括其全体.

人的思维是要遵循(形式)逻辑的基本规律的,基本规律有四条:同一律、矛盾律、排中律和充足理由律. 反证法依据的是中间两条,其内容是:

矛盾律:在同一思维过程中,两个互相矛盾的判断,不能同真;

排中律:在同一思维过程中,两个相反的(即是与

否)判断,不能同假.

由此看来,"反证法"证题的做法是:第一,判断 $P{\rightarrow}Q$ 是否难证;第二,如果难证,则考虑 $\overline{Q}$,并把 $\overline{Q}$ 并入条件 P ;第三,由 $P\wedge\overline{Q}$ 推出一个矛盾 $R\wedge\overline{R}$;第四,否定 $\overline{Q}$,推出 Q 成立,从而完成证明. 主要过程可用框图表示如下.

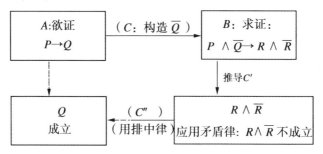

图 49

关于用反证法进行证明,本书第 2 章证"实数集 **R** 不可数"是很典型的(见本书第 131 ~ 132 页). 欲证 **R** 不可数,先假定 **R** 的一部分:$(0,1)$ 中的数无一遗漏地排成了一排,然后再构造一个数,它是漏排了的新数,从而导出矛盾. 这个定理是数学史(集合论史)上的重要命题,久负盛名,又是康托的重要发现,那么我们又要提出下面的问题了.

2° 反证法可靠吗?

由于正与反的转换,乃是一种逻辑的转换,因此,要论证反证法的可靠性,就是要证明命题①

$$(P\wedge\overline{Q}{\rightarrow}R\wedge\overline{R}){\rightarrow}(P{\rightarrow}Q)$$

事实上,我们将证明更强的命题

$$(P\wedge\overline{Q}{\rightarrow}R\wedge\overline{R}){\rightarrow}(P{\rightarrow}Q)$$

我们用数理逻辑的方法加以证明：

第 1 步，把问题数值化：约定一个命题为真，就说它取值 1；为假时，则说它取值为 0. 由于 P 与 $\overline{P}$ 真假相反，故有"真值表"（表 1）：

表 1

P	$\overline{P}$
1	0
0	1

仿照上表，按联言命题（即 $P \wedge Q$，表示只当 P，Q 同真时为真）和选言命题（$P \wedge Q$，表示 P，Q 中有一个真时，它就真）的意义，有如下真值表 2 和表 3：

表 2,3

P	Q	$P \wedge Q$	$P \vee Q$
0	0	0	0
0	1	0	1
1	0	0	1
1	1	1	1

对假言命题 $P \rightarrow Q$（若 P 则 Q）通常约定：仅当 P 真而 Q 假时，$P \rightarrow Q$ 为假，否则，都认为是真命题，故有真值表 4：

表 4

P	Q	$P \rightarrow Q$
0	0	1
0	1	1
1	0	0
1	1	1

这里说明如下：当前提 P 假时，无论 Q 真假，总认

为 $P \to Q$ 为真,这是符合人的常识又符合思维规律的.
比如"若太阳西边出,则……"总是个真命题,因前提
不会出现,所以结论无需要求;也可用逆否命题说明:
因 $P \to Q$ 与 $\overline{Q} \to \overline{P}$ 等价,如 P 为假,则 $\overline{P}$ 为真,因此
$\overline{Q} \to \overline{P}$ 真,$P \to Q$ 也真.

第 2 步,按表 1~4 作出 $P \wedge \overline{Q} \to R \wedge \overline{R}$ 的真值表
(表 5):

表 5

P	Q	$\overline{Q}$	$P \wedge \overline{Q}$	$R \wedge \overline{R}$	$P \wedge \overline{Q} \to R \wedge \overline{R}$
0	0	1	0	0	1
0	1	0	0	0	1
1	0	1	1	0	0
1	1	0	0	0	1

方法是:

(1)先填 P,Q 列(要使 P 与 Q 的四种值搭配(0,
0),(0,1),(1,0),(1,1)都出现);

(2)由 Q 列按真值表 1 填 $\overline{Q}$ 列;

(3)由 $P,\overline{Q}$ 列填 $P \wedge \overline{Q}$ 列(按真值表 2);

(4)填 $R \wedge \overline{R}$ 列(因 $R \wedge \overline{R}$ 永假,故都是 0);

(5)由 $P \wedge \overline{Q}$ 列和 $R \wedge \overline{R}$ 列(按表 4)填最后一列.

第 3 步,把表 5 中的 $P,Q,P \wedge \overline{Q} \to R \wedge \overline{R}$ 同表 4 的
三列比较,即知 $P \wedge \overline{Q} \to R \wedge \overline{R}$ 与 $P \to Q$ 的对应值都相
同,因此

$$P \wedge \overline{Q} \to R \wedge \overline{R} \leftrightarrow (P \to Q) \quad (\text{等价})$$

如果列出 $\overline{Q} \to \overline{P}$ 的真值表,并同表 4 对比,从而可
证明

$$(\overline{Q} \to \overline{P}) \leftrightarrow (P \to Q)$$

3°　如何作反证法的假设($\overline{Q}$)?

对于简单命题,反证法的假设(也叫反设,$\overline{Q}$)构造起来并不难;但对于复合命题,往往并不容易,现举例说明.

例 1　试证"抽屉原则".

通常,抽屉原则有如下三种基本形式:

(1)把多于 n 件事物分放在 n 个抽屉中,则必有一个抽屉中有 2 个或 2 个以上事物;

(2)把多于 mn 个事物分"放"在 n 个抽屉中,则必有一个抽屉中有 $(m+1)$ 个或 $(m+1)$ 个以上的事物;

(3)把无穷多个事物分放于有限多个抽屉中,则必有一抽屉中有无穷多个事物.

我们应用类似于集合符号,用反证法来证明、以 A_i 表示抽屉,$|A_i|$ 表 A_i 中事物的个数.

对(1),设对 $i=1,2,\cdots,n$,均有 $|A_i|<2$(即 A_i 中放入 0 或 1 个)或即 $|A_i| \leqslant 1$,于是:事物总数

$$|A_1| + |A_2| + \cdots + |A_n| \leqslant \underbrace{1 + 1 + \cdots + 1}_{n \uparrow} = n$$

这与事物总数 $>n$ 矛盾. 故原结论成立.

对(2),设 $|A_i| \leqslant m, i=1,2,\cdots,n$,则

$$事物总数 = \sum_{i=1}^{n} |A_i| \leqslant \sum_{i=1}^{n} m = mn$$

与事物总数 $>mn$ 矛盾,故原结论成立.

对(3),设在有限个(设为 n 个)抽屉 $A_1, A_2, \cdots, A_n$ 中,分别放 $m_1, m_2, \cdots, m_n$ 个事物,即 $|A_i| = m_i$,所以

$$事物总数 = \sum_{i=1}^{n} |A_i| = \sum_{i=1}^{n} m_i$$

为有限数. 与"事物总数为无限"矛盾. 故原结论成立.

我们以(1)为例,说明一下 $\overline{Q}$ 的构造. 在(1)中:

结论 Q:必有一个抽屉中,有 2 个或 2 个以上的事物.

我们把它的反面写成了:

$\overline{Q}$:对 $i=1,2,\cdots,n$,$|A_i|\leqslant 1$.

即所有抽屉中事物个数都不超过 1.

为什么要这样写呢? 这里有两件事要说:

第一,"必有一个"也就是"至少有一个",写详细一点,就是

$$Q=Q_1 \vee Q_2 \vee \cdots \vee Q_n$$

其中 Q_i 表示:"恰有 i 个抽屉中有 2 个或 2 个以上事物","$\vee$"表示"或",按逻辑学中的"代·莫根定律",有

$$\overline{Q}=\overline{Q_1 \vee Q_2 \vee \cdots \vee Q_n}=\overline{Q_1} \wedge \overline{Q_2} \wedge \cdots \wedge \overline{Q_n}$$

其中 $\overline{Q_i}$ 表示"没有 i 个抽屉放置 2 个或 2 个以上事物","$\wedge$"表示"且",则 $\overline{Q}$ 就是说:"既无 1 个,也无 2 个……也无 n 个抽屉放有 2 个或 2 个以上的事物",也就是所有 A_i 中都至多放一个事物,即

$$|A_i|\leqslant 1 \quad i=1,2,\cdots,n$$

这里用 $n=2$ 的情况,说明一下代·莫根定律:

设 Q_1,Q_2 表示两个命题,则 $Q_1 \vee Q_2$,即 Q_1 或 Q_2 称为选言命题,$Q_1 \wedge Q_2$,即 Q_1 且 Q_2 称为联言命题,于是代·莫根定律可以写成:

(1) $\overline{Q_1 \vee Q_2}=\overline{Q_1} \wedge \overline{Q_2}$;

(2) $\overline{Q_1 \vee Q_2}=\overline{Q_1} \vee \overline{Q_2}$.

应用"真值表"很容易给出证明.

第二,"必有一个"即存在一个,属于特称命题,而"所有的,都……"则是全称命题,比如:

Q:所有 $x \in \mathbf{R}$, $x^2 \geq 0$,为全称命题;

$\overline{Q}$:存在 $x \in \mathbf{R}$, $x^2 < 0$,为特称命题;

R:必有一个抽屉中有多于一个事物——特称命题;

$\overline{R}$:所有抽屉中事物个数不多于1——全称命题.

就是:若 Q 为特称命题,则 $\overline{Q}$ 为全称命题;若 Q 为全称命题,则 $\overline{Q}$ 为特称命题.

例 2　求证:任一组勾股数的三个数,不可能都是奇数.

证明　设一组勾股数 a, b, c 全是奇数

$$a = 2m - 1, b = 2n - 1, c = 2p - 1 \quad (m, n, p \in \mathbf{N})$$

由 $a^2 + b^2 = c^2$ 得

$$(2m - 1)^2 + (2n - 1)^2 = (2p - 1)^2$$

所以

$$2(2m^2 + 2n^2 - 2m - 2n + 1) = 2(2p^2 - 2p) + 1$$

这是个矛盾等式(左偶右奇不可能成立),故原命题获证.

在此题中,Q 是"三数不可能都是奇数"即"三数中至少有一个偶数",为特称命题.

我们构造的 $\overline{Q}$ 是:"a, b, c 全是奇数",为全称命题.

另外,如果 Q 是"至少……"的判断,则 $\overline{Q}$ 为"至多……"的判断,反之亦然,请看一例.

例 3　39 个苹果分给 20 个小孩,试证明:不论怎样分,至少有 5 个人分得一样多.

此题正面分析十分烦琐. 设 $a_1, a_2, \cdots, a_{20}$ 为非负整数,且

$$a_1 + a_2 + \cdots + a_{20} = 39$$

要证明 $a_1, a_2, \cdots, a_{20}$ 中至少有 5 个相同. 如不然. 则至多有 4 个相同,不妨设

$$a_1 = \cdots = a_4 = 0, a_5 = \cdots = a_8 = 1$$
$$a_9 = \cdots = a_{12} = 2, a_{13} = \cdots = a_{16} = 3$$
$$a_{17} = \cdots = a_{20} = 4$$

那么

$$总数 = a_1 + a_2 + \cdots + a_{20}$$
$$= 4(0 + 1 + 2 + 3 + 4) = 40 > 39$$

如为其他(至多有 4 人相同的)分法,则总数将大于 40. 所以至少有 5 个小孩分得的苹果一样多.

应用此法还可进一步探索苹果总数与"至少几个人分得苹果数相同的关系."

3. 审视数学

有人以为反面思考就是反证法,其实不然,反面思考对于数学有多方面的应用.

1° 关于"反面解决":数学史上有不少"反面解决"的重大事例. 如本书第 1 章讲到的平面几何三大尺规作图问题被反面解决(成为三大尽规作图不能问题),加深了对尺规作图功能及作图公法的认识;高于四次的一般整式方程根式解问题的反面解决,促进了"群论"的发展;哥尼斯堡七桥问题被反面解决导致"一笔画"问题的研究;"求证欧几里得第五公设问题"的反面解决,导致罗巴切夫斯基非欧几何的诞生,开创了几何学历史的新纪元等.

"非欧几何"也是在企图用反证法证明第五公设的过程中逐渐认识的. 我们还有一个小例子.

试证: x^4+4 不能分解为两个二次因式之积.

用反证法. 设
$$x^4+4=(x^2+ax+2)(x^2+bx+2)$$
则
$$x^4+4=x^4+(a+b)x^3+(ab+4)x^2+2(a+b)x+4$$
所以
$$\begin{cases} a+b=0 \\ ab+4=0 \end{cases}$$
解之
$$a=2,b=-2(或 a=-2,b=2)$$
所以　　$x^4+4=(x^2+2x+2)(x^2-2x+2)$

本来,希望由上面的方程组导出一个矛盾 $R\wedge\overline{R}$,结果是有 R 无 $\overline{R}$,说明 $\overline{Q}$ 是正确的,而"$Q:x^4+4$ 不能分解因式"这结论不成立,反而求得了原问题的反面解.

2° "悖论"初析.

前面我们已经讨论了日常生活中和科学中的悖论问题. 在那里我们曾经说,在无限中,在"一切都……"、"无所不……"的说法中,往往隐藏着悖论,这是为什么呢?

通过反面思考,很容易弄清这个问题. 实际上,由于事物往往都包含着反面,包含着肯定、否定两个方面,当我们说"一切都……"时,包含着"能做"和"不能做"两个方面,当把它用于同一事物时,就形成"能→不能"、"不能→能"的情形,陷入悖论. 如:

克里特岛人都说谎.

理发师塔克只给"不自己刮胡子的人"刮胡子. 那么他是否给自己刮?

神无所不能. 那么,它能否制造一块自己不能举起的石头?

都是这样构造的.

但也有些所谓"悖论",是人的认识或概念上的局限性造成的. 如"飞矢不动","兔子追不上乌龟","过直线外一点能作几条平行线","正方形对角线有长度又不可测"的问题,以及

$$f(x) = \begin{cases} 0 & x \text{ 是无理数} \\ 1 & x \text{ 是有理数} \end{cases}$$

应当是函数,但又不合当时函数定义的问题等,都似乎是"悖论",但随着科学发展,一旦突破狭隘概念的局限,就会顺理成章.

3° 清理我们的知识.

本节开头我们曾提到用"反面思考"清理我们的知识的问题,那里只举"唯一性"问题,事实上可用于很多方面. 这里再举几例.

例 1 考查关于多面体顶数(D)、棱数(L)和面数(M)之间关系的欧拉定理

$$D - L + M = 2$$

1758 年,欧拉在"立体学要义"一文中,提出了这个猜想,同年,又在"多面体具有若干显要性质的证明"一文中给出了一个证明. 欧拉这个猜想,对于很多的多面体,如棱柱、锥、台、正多面体都是成立的,还可经受"装顶"、"截顶"的考验. 但是,它是否对"任何多面体都成立呢"? 许多人认为如此. 1812 年吕里埃在"多面体学研究报告"中拿出一个画框式的多面体(图

50），它的

$$D = 12, L = 24, M = 12$$

所以　　　　　　$D - L + M = 0 \neq 2$

这是一个反例，迫使欧拉定理修改表述：

对于球式多面体，成立等式

$$D - L + M = 2$$

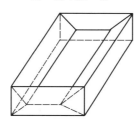

图 50

这里说一下，一个反例就可以证伪（推翻）一个猜想的命题. 反例是指题设原命题条件的某个特殊化（如欧拉猜想的条件是"多面体"，上述反例只是特殊的多面体），而结论与原命题不一致的命题. 构造反例是一种创造性的研究过程.

例 2　试证"三线平行定理"：$a /\!/ b, b /\!/ c \Rightarrow a /\!/ c.$

如图 51 所示，a, b, c 共面时，可用反证法，很容易. 此证 a, b, c 不共面的情形. 设 $a \nparallel c.$

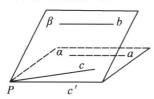

图 51

在线 c 上取一点 P，过 a, P 作平面 α，过 b, P 作平面 β，交平面 α 于线 c', c' 过 P.

因为 $b/\!/a$,知 $b/\!/$ 平面 α,所以 $b/\!/c'$.

由假设 $c \nparallel a$,c 不可能是平面 α,β 的交线,故 c 与 c' 不同. 这样,过 P 就有两条不同的直线 c 和 c' 与 b 平行. 这与"平行公理"矛盾.

所以 $a/\!/c$.

例3 平面上不存在两两垂直的三条直线,试证明之.

设直线 a,b,c 共面且两两垂直. 因两条直线共面垂直必相交,因此,有如图 52 所示的两种情形:

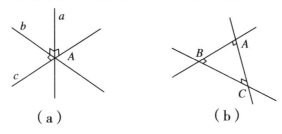

（a）　　　　　（b）

图 52

（a）相交于一点 A,这时,会于点 A 的六个直角的和

$$90° \times 6 = 540°$$

与周角 $=360°$ 相矛盾.

（b）相交于三点 A,B,C,这时 $\triangle ABC$ 三内角之和为 $90° \times 3 = 270°$,与三角形内角和为 $180°$ 矛盾.

所以这样的三条直线不可能存在.

另一证法　设 a,b,c 共面且 $a \perp b$,$b \perp c$,$c \perp a$.

因为 $a \perp b$,$c \perp b$.

所以 $a/\!/c$ 或 a 与 c 重合,与 $a \perp c$ 矛盾.

例4 说明"0 不能作除数"和"0 的 0 次方无意义"的合理性.

158

为此,假定 0 可以作除数,并规定

$$\frac{1}{0} = k \quad (k \in \mathbf{R})$$

因除法是乘法的逆运算,这就相当于 $1 = k \cdot 0$. 但我们已规定:任何数乘以 0 仍得 0,因此 $k \cdot 0 = 0$,于是得 $1 = 0$,这是个矛盾等式,因此"假定 0 可以作除数"是不合理的.

所以规定"0 不能作除数"合理.

我们规定 $a^0 = 1$,是为了使公式 $a^m \div a^n = a^{m-n}$,当 $m = n$ 时仍然适用,因此,按"0 不能作除数"的规定,必须规定 $a \neq 0$.

例 5 试解释"复数无大小".

先作两点说明:第一,"复数无大小"确切地说,是"在整个复数集 $\mathbf{C}$ 上,不能规定大小关系",而不是"任何两个复数间无大小". 例如任何两个实数可比大小,而 $\mathbf{R}$ 是 $\mathbf{C}$ 的真子集. 第二,大小虽然是一种顺序关系,但不是一般顺序关系,而是要满足一定的条件,就是由它构成的不等式须满足不等式基本性质的要求. 因此,说"复数无大小"并不是不可排序. 例如,任意两个复数 $z_1 = a_1 + b_1\mathrm{i}, z_2 = a_2 + b_2\mathrm{i}(a_1, a_2, b_1, b_2 \in \mathbf{R})$ 可按"字典序"规定前后:

$a_1 > a_2$ 或 $a_1 = a_2$,而 $b_1 > b_2$,则规定 z_1 前于 z_2. 这样规定符合"对称性"和"传递性"要求,但不符合"一定的运算性质". 这些性质中最基本的是:

(1)若 $a > b$,则对任意 c,有 $a + c > b + c$.

(2)若 $a > b, c > 0$,则 $ac > bc$.

现在用反证法证明"复数无大小".

设用(无论怎样一种)方法,在 $\mathbf{C}$ 中规定了大小关系. 则对 $i, 0 \in \mathbf{C}$, 必有这种大小关系. 由于 $i \neq 0$, 故 $i > 0$ 或 $i < 0$.

若 $i > 0$, 按 (2) 有 $i \cdot i > 0 \cdot i$, 即 $-1 > 0$, 由 (1): $-1 + 1 > 0 + 1$, 得 $0 > 1$.

又已证 $-1 > 0$, 按 (2) $(-1) \times (-1) > 0 \times (-1)$, 得 $1 > 0.0 > 1$ 与 $1 > 0$ 矛盾, 故 $i > 0$ 不可能.

若 $0 > i$, 按 (1) $-i + 0 > -i + i$, 即 $-i > 0$. 由 (2) $(-i) \cdot (-i) > 0 \cdot (-i)$, 即 $-1 > 0$. 仿上可得 $1 > 0$ 及 $0 > 1$, 仍是矛盾. 故 $i < 0$ 不可能.

可见, 无论如何, 在 C 中规定大小都不可能. 然而, 湖北的甘超一指出, (2) 的要求过苛, 违背数系扩充律, 他正致力于突破 (2) 而定义复数大小的研究, 已取得重要成果.

第 2 节　代　　换

代换, 也叫换元、引进参数或引进辅助元, 是代数思想的升华和妙用, 是沟通不同数学式的桥梁, 是降次、减元的良策.

例如: 求 $z = \left(\dfrac{x^2 - x + 1}{x^2 + x + 1} \right)^2 + 5$ 的最大、最小值.

此题关键在于处理好括号中的分式, 因而令

$$y = \frac{x^2 - x + 1}{x^2 + x + 1} \qquad ①$$

由于分母不会得零, 可用判别式法. 去分母、整理成 x 的一个方程

$$(y - 1)x^2 + (y + 1)x + (y - 1) = 0 \qquad ②$$

当 $x = 0$ 时,由①得 $y = 1$,则②是一次方程. 现在设 $x \neq 0$,则 $y \neq 1$,这时②是 x 的二次方程,且有 0 以外的实根,因此

$$\Delta = (y+1)^2 - 4(y-1)^2 \geqslant 0$$

解得

$$\frac{1}{3} \leqslant y \leqslant 3 \quad (y \neq 1)$$

当 $y = 1$ 时,方程②确有根 $x = 0$,可见它也是分式①的值. 因此

$$\frac{1}{3} \leqslant y \leqslant 3 \qquad\qquad ③$$

且当 $x = 1$ 时,$y = \frac{1}{3}$,$x = -1$ 时,$y = 3$. 现在考虑

$$z = 9y^2 + 5 \qquad\qquad ④$$

它在 $\left[\frac{1}{3}, 3\right]$ 上是 y 的增函数,故

$$z_{\min} = 9 \times \left(\frac{1}{3}\right)^2 + 5 = 6$$

$$z_{\max} = 9 \times 3^2 + 5 = 86$$

评析　在此题求解中,为什么选用代换式①,即右边的分式为 y? 这有两个好处:第一,它同"下边"即①中的 x 的关系好处理;第二,它同"上边"即 z 的关系好处理. 这样才能达到目的.

一般的,由于"代换"就是用一个字母去代替问题中具有独特结构的部分,从而把一个问题 A 转化为两部分,就是通过观察(图 53),从 $A:F(x)$ 中发现相对独立的部分 $f(x)$,用字母 y 去替换,$y = f(x)$ 化为两个问题 B_1 和 B_2,这时,如 B_1(处理 y 同 x 的关系)和 B_2(处

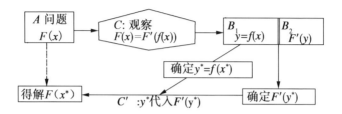

图 53

理 y 同 $F'(y)$ 的关系),若 B_1 和 B_2 都进入了已知问题链,则通过 C 的转化(即代换 $y=f(x)$)就是化归,即意味着问题的解决. 如在上述例子中,通过代换①把一个四次分式的极值问题,化成了一个求二次分式函数①的极值问题(我们会用判别式法求解)和一个二次函数④在区间③上的极值问题,这也在我们的已知问题链上. 因此代换①就是一种化归.

我国数学教育工作者 20 世纪 80～90 年代的研究,发现了大量巧妙的代换方法,我们在这里只介绍其中的几种.

1. 整体代换

例1 化简 $\dfrac{(4+\sqrt{15})^{\frac{3}{2}}+(4-\sqrt{15})^{\frac{3}{2}}}{(6+\sqrt{35})^{\frac{3}{2}}-(6-\sqrt{35})^{\frac{3}{2}}}$.

此式分子、分母各自两项均是互相共轭的二次(复合)根式,平方即可化简. 故命原式为 T,则

$$T^2=\frac{490}{1\ 690},\quad T=\frac{7}{13}$$

例2 求证:$\dfrac{1}{2}\times\dfrac{3}{4}\times\dfrac{5}{6}\times\cdots\times\dfrac{99}{100}<\dfrac{1}{10}$.

此不等式左边虽可通过相约而化简,但也将"约去"规律性. 此法不可为,但启发我们可考虑倒数,以

162

充分发挥其子母相约的功能. 命不等式左边等于 x, 而考虑 x 的倒数

$$y = \frac{2}{3} \times \frac{4}{5} \times \frac{6}{7} \times \cdots \times \frac{100}{101}$$

因为

$$\frac{1}{2} < \frac{2}{3}, \frac{3}{4} < \frac{4}{5}, \frac{5}{6} < \frac{6}{7}, \cdots, \frac{99}{100} < \frac{100}{101}$$

所以

$$x < y$$

$$x^2 < xy \Rightarrow \frac{1}{101} < \frac{1}{100}$$

$$x < \frac{1}{10}$$

此法可推广使用. 证明

$$\frac{1}{2} \times \frac{3}{4} \times \cdots \times \frac{2n-1}{2n} < \frac{1}{\sqrt{2n}}$$

以上两例, 都是"紧凑"式子的处理. 下面考虑"松散"式子化"紧凑"式子的问题, 即数列、级数求和问题.

例 3　求等差数列 $\{a_n\}$ 前 n 项和(设公差 $= d$).

令　　　　　$S_n = a_1 + a_2 + \cdots + a_n$

应用倒排相加法: 因为

$$\begin{aligned}
a_i + a_{n-i+1} &= a_1 + (i-1)d + a_1 + (n-i)d \\
&= 2a_1 + (n-1)d \\
&= a_1 + a_n \quad (i = 1, 2, \cdots, n)
\end{aligned}$$

所以

$$\begin{aligned}
2S_n &= (a_1 + a_n) + (a_2 + a_{n-1}) + \cdots + (a_n + a_1) \\
&= n(a_1 + a_n)
\end{aligned}$$

所以

$$S_n = \frac{n(a_1 + a_n)}{2} = na_1 + \frac{n(n-1)}{2}d$$

例4 求等比数列 $\{a_n\}$ 的前 n 项和(公比 $= q$).

令

$$S_n = a_1 + a_2 + \cdots + a_{n-1} + a_n$$
$$= a_1 + a_1 q + \cdots + a_1 q^{n-2} + a_1 q^{n-1}$$

然后求出 qS_n,应用错位相减,可消去中间各项. 亦可用下法

$$S_n = a_1 + a_1 q + \cdots + a_1 q^{n-1} + a_1 q^n - a_1 q^n$$
$$= a_1 - a_1 q^n + q(a_1 + \cdots + a_1 q^{n-1})$$
$$= a_1 - a_n q + qS_n$$

所以 $\qquad (1 - q)S_n = a_1 - qa_n$

命 $q \neq 1$,则得

$$S_n = \frac{a_1(1 - q^n)}{1 - q} = \frac{a_1 - a_n q}{1 - q}$$

若 $q = 1$,则 $S_n = a_1 + a_1 + \cdots + a_1 = na_1$,于是得公式

$$S_n = \begin{cases} na_1 & q = 1 \\ \dfrac{a_1 - a_n q}{1 - q} & q \neq 1 \end{cases}$$

下面看几个无穷表达式求和的例子.

例5 求无穷递减等比数列所有项的和.

设数列为 $\{a_1 q^{n-1}\}(|q| < 1)$,所有项和为 S,则

$$S = a_1 + a_1 q + a_1 q^2 + \cdots + a_1 q^{n-1} + a_1 q^n + \cdots$$
$$= a_1 + q(a_1 + a_1 q + \cdots + a_1 q^{n-1} + \cdots)$$
$$= a_1 + qS$$

移项

$$S(1 - q) = a_1$$

$$|q| < 1$$

所以
$$S = \frac{a_1}{1-q}$$

"无限循环小数"可以看作公比为 $\frac{1}{10^t}$ 的无穷等比

数列的各项和,因此可用 $S = \frac{a_1}{1-q}$ 直接化为分数,如

$$1.1\dot{3} = 1.1 + \frac{1}{10} \times 0.\dot{3}$$

$$= 1.1 + \frac{1}{10} \times \frac{0.3}{1-0.1} = 1\frac{4}{30} = 1\frac{2}{15}$$

例6　求下列二式的值:

$$(1)\ \frac{1}{a + \cfrac{1}{a + \cfrac{1}{a + \ddots}}};\quad (2)\ \sqrt{a - \sqrt{a - \cdots}}.\ \text{其中}\ a \in \mathbf{N}.$$

命式(1)为 x,则有

$$x = \cfrac{1}{a + \cfrac{1}{a + \cfrac{1}{a + \ddots}}} = \frac{1}{a+x} > 0$$

$$x^2 + ax - 1 = 0$$

其正根为

$$x = \frac{-a + \sqrt{a^2 + 4}}{2}$$

即为原式的值.

命(2)为 y,则

$$y = \sqrt{a - y} > 0$$

$$y^2 + y - a = 0$$

所以
$$y = \frac{-1 + \sqrt{1 + 4a}}{2}$$

当 $a = 1$ 时,$x = y = \dfrac{\sqrt{5} - 1}{2}$ 即为黄金比.

2. 局部代换

也叫部分代换.关键在于选好相对独立的典型部分,这样可化一难为两易.

例 7 解下列方程:

(1) $(2\sqrt[5]{x-1} - 1)^4 + (2\sqrt[5]{x-1} - 3)^4 = 16$;

(2) $(x^2 - x)^2 + 4(2x^2 - 2x - 3) = 0$;

(3) $(x+1)(x+2)(x+3)(x+4) = 120$;

(4) $\sqrt{x^2 + x} + \dfrac{\sqrt{x-1}}{\sqrt{x^3 - x}} = \dfrac{5}{2}$.

如直接展开、去根号、去分母,则往往导致高次方程,难于求解.现用代换分散化解难点.

对(1),采用均值代换.命 $t = 2\sqrt[5]{x-1} - 2$,则得
$$(t+1)^4 + (t-1)^4 = 16$$
$$t^4 + 6t^2 - 1 = 0$$

解为
$$x_1 = \frac{275}{32}, x_2 = \frac{33}{32}$$

对(2),命 $t = x^2 - x$ 或 $t = x^2 - x - 1$ 均可,解为
$$x = 2, -1, 3, -2$$

对(3),略加整理
$$(x+1)(x+4)(x+2)(x+3) = 120$$
$$(x^2 + 5x + 4)(x^2 + 5x + 6) = 120$$

用均值代换,命 $t = x^2 + 5x + 5$,得根 1 和 -6.

另一方法
$$120 = 2 \times 3 \times 4 \times 5 = (-5)(-4)(-3)(-2)$$

所以　　　　　　　$x + 1 = 2$ 或 $x + 1 = -5$

对（4），注意自然条件 $x > 1$，左边第二项可作如下变形

$$\frac{\sqrt{x-1}}{\sqrt{x^3-x}} = \sqrt{\frac{x-1}{x(x-1)(x+1)}} = \frac{1}{\sqrt{x^2+x}}$$

命 $t = \sqrt{x^2+x}$，则原方程化为

$$t + \frac{1}{t} = 2 + \frac{1}{2}$$

所以

$$t_1 = 2, t_2 = \frac{1}{2}$$

$$\left(易证:方程\ t + \frac{1}{t} = a + \frac{1}{a}\ 恰有两解\ a\ 和\ \frac{1}{a}\right)$$

则原方程（所以 $x > 1$）只有一根 $x = \dfrac{-1 + \sqrt{17}}{2}$.

例 8　解方程 $4x^4 - 8x^3 + 3x^2 - 8x + 4 = 0$.

由于系数排列呈对称形式. 故若 $a(a \neq 0)$ 是根，$\dfrac{1}{a}$ 亦然，故谓之倒数方程. 其解法是倒数化:两边同除以 $x^2(x \neq 0)$

$$4x^2 - 8x + 3 - 8 \cdot \frac{1}{x} + 4 \cdot \frac{1}{x^2} = 0$$

$$4\left(x^2 + \frac{1}{x^2}\right) - 8\left(x + \frac{1}{x}\right) + 3 = 0$$

由于

$$x^2 + \frac{1}{x^2} = \left(x + \frac{1}{x}\right)^2 - 2$$

命 $t = x + \dfrac{1}{x}$，原方程化为

$$4t^2 - 8t - 5 = 0$$

$$t_1 = \frac{5}{2}, t_2 = -\frac{1}{2}$$

解得实根

$$x_1 = 2, x_2 = \frac{1}{2}$$

虚根

$$x_{3,4} = \frac{-1 \pm \sqrt{15}\,\mathrm{i}}{4}$$

如下的例题将应用二元代换.

例 9　解方程组:

$$(1)\begin{cases} \sqrt{x+y} + \sqrt{x-y} = 4 \\ x^2 - y^2 = 9 \end{cases};(2)\begin{cases} x+y+\sqrt{xy} = 6 \\ x^2 + y^2 + xy = 24 \end{cases}.$$

受恒等变形 $x^2 - y^2 = (x+y)(x-y)$, $x^2 + y^2 + xy = (x+y)^2 - xy$ 的启发,对(1),可命 $u = \sqrt{x+y}$, $v = \sqrt{x-y}$;对(2),可命 $u = x+y$, $v = xy$.

例 10　解方程 $\sqrt{a - \sqrt{a+x}} = x$.

若去根号,得四次方程

$$x^4 - 2ax^2 - x + a^2 - a = 0$$

难于求解,而且难于确定 a 在何范围时有解. 现用代换法,命

$$\sqrt{a+x} = y$$

则得

$$\begin{cases} \sqrt{a+x} = y \\ \sqrt{a-y} = x \end{cases} \Rightarrow \begin{cases} a+x = y^2 \\ a-y = x^2 \end{cases}$$

所以　　　　$(x+y)(x-y+1) = 0$

所以　　　　$x+y = 0$ 或 $y = x+1$

（1）若 $x + y = 0$，由于 $x \geqslant 0$，$y \geqslant 0$，只有 $x = y = 0$，由 $\sqrt{a + x} = y$ 知 $a = 0$，这是一般情形.

（2）若 $y = x + 1$ 则得

$$\sqrt{a + x} = x + 1$$

所以

$$x^2 + x + (1 - a) = 0$$
$$\Delta = 1 - 4(1 - a) = 4a - 3$$

欲使方程有实根，须 $\Delta \geqslant 0$，得 $a \geqslant \dfrac{3}{4}$，进而

$$x_{1,2} = \frac{-1 \pm \sqrt{4a - 3}}{2}$$

因 $x \geqslant 0$，舍去负数 x_2，且要 $x_1 \geqslant 0$，即

$$-1 + \sqrt{4a - 3} \geqslant 0$$

须 $a \geqslant 1$. 从而得解

$$x_1 = \frac{\sqrt{4a - 3} - 1}{2} \quad (a \geqslant 1)$$

此题求解过程告诉我们：为了减一层根号，应不惜以"增一元"为代价. 另外，就是不急于消元，而是先消常数 a. 否则，就会走回头路.

3. 技巧性代换

这一类代换除了把被代换部分作整体对待之外，还要充分运用被代换部分赋予代换元的特殊功能. 已发现的这类代换有比值代换、均值代换、对偶（共轭）代换、三角代换、复数代换、反设代换、常数代换，以下举例说明.

例 11　（1）设 $\dfrac{by + cz}{bx + cy} = \dfrac{bx + cy}{bz + cx} = \dfrac{bz + cx}{by + cz}$，求证

$$x^2 + y^2 + z^2 = xy + yz + zx$$

（2）已知 $\dfrac{\sin\theta}{x} = \dfrac{\cos\theta}{y}$，$\dfrac{\cos^2\theta}{x^2} + \dfrac{\sin^2\theta}{y^2} = \dfrac{10}{3(x^2+y^2)}$，

试求 $\dfrac{x}{y}$ 的值. 两小题式子结构中, 比的成分都很突出,

宜试用比值代换.

对（1）, 命连比为 k, 则

$$by + cz = k(bx + cy)$$
$$= k^2(bz + cx)$$
$$= k^3(by + cz)$$

由于 $by + cz$ 处于已知条件分母上, 故 $by + cz \neq 0$. 所以

$$k^3 = 1$$

如限于实数范围内研究, 则 $k = 1$. 从而对变量 x,y,z 不同值, 三式相等（必为常数）, 常数记为 a, 则

$$by + cz = bx + cy = bz + cx = a \quad (\text{常数})$$

说明三点 $(y,z),(x,y),(z,x)$ 共线, $bt + cu = a$. 从而

$$\begin{vmatrix} y & z & 1 \\ x & y & 1 \\ z & x & 1 \end{vmatrix} = 0$$

展开整理, 即得欲证式.

对（2）, 命 $\dfrac{\sin\theta}{x} = k$, 则 $\sin\theta = kx$，$\cos\theta = ky$, 应用

$\sin^2\theta + \cos^2\theta = 1$, 得 $k^2 = \dfrac{1}{x^2 + y^2}$, 代入后一条件

$$\frac{k^2 y^2}{x^2} + \frac{k^2 x^2}{y^2} = \frac{10}{3}k^2$$

由于 $k \neq 0$（否则 $\sin\theta = \cos\theta = 0$, 这不可能）, 得

$$\frac{x^2}{y^2} + \frac{y^2}{x^2} = 3 + \frac{1}{3}$$

所以
$$\frac{x^2}{y^2} = 3 \ \text{或} \ \frac{1}{3}$$

所以
$$\frac{x}{y} = \pm\sqrt{3} \ \text{或} \ \pm\frac{\sqrt{3}}{3}$$

例 12　设 $x, y, z > 0$ 满足

$$\begin{cases} x^2 + xy + y^2 = 49 & (1) \\ y^2 + yz + z^2 = 36 & (2) \\ z^2 + zx + x^2 = 25 & (3) \end{cases}$$

求证

$$x + y + z = \sqrt{55 + 36\sqrt{2}}$$

三个条件和欲证等式均含对称式 $x + y + z$，故命 $S = x + y + z$，则：

$(1) - (2)$: $x - z = \dfrac{13}{S}$;

$(1) - (3)$: $y - z = \dfrac{24}{S}$;

$(2) - (3)$: $y - x = \dfrac{11}{S}$.

$(1) + (2) + (3)$，经配方整理，得

$$S^2 + \frac{1}{2}\left[(x - y)^2 + (y - z)^2 + (z - x)^2\right] = 110$$

$$S^2 + \frac{1}{2}\left[\frac{169}{S^2} + \frac{576}{S^2} + \frac{121}{S^2}\right] = 110$$

$$S^4 - 110S^2 + 433 = 0$$

$$S^2 = 55 \pm 36\sqrt{2}$$

由于按几何意义（如图 54 所示），x, y, z 是 $\triangle XYZ$ 的费马点 F 到三顶点的距离，其三边为 $5, 6, 7$，因而

$$x + y > 7, y + z > 6, z + x > 5$$

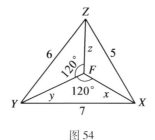

图 54

所以

$$2x + 2y + 2z > 18$$
$$S^2 > 81$$

但 $55 - 36\sqrt{2} < 55 < 81$,故舍去. 取 $S^2 = 55 + 36\sqrt{2}$,开平方取算术根,即得 $x + y + z = \sqrt{55 + 36\sqrt{2}}$.

例 13　设 $a > 0, b > 0, c > 0$,求证

$$\frac{a+b+c}{3} \geqslant \sqrt[3]{abc}$$

两边都是均值,宜用均值代换:设 $x = \dfrac{a+b+c}{3}$,则 $3x = a + b + c$,于是

$$x = \frac{4x}{4} = \frac{3x+x}{4} = \frac{a+b+c+x}{4}$$

$$= \frac{1}{2}\left(\frac{a+b}{2} + \frac{c+x}{2}\right)$$

$$\geqslant \frac{1}{2}\left(\sqrt{ab} + \sqrt{cx}\right)$$

$$\geqslant \sqrt[4]{abcx}$$

所以　　　　　　　$x^4 \geqslant abcx, x \geqslant \sqrt[3]{abc}$

即　　　　　　　$\dfrac{a+b+c}{3} \geqslant \sqrt[3]{abc}$

推证过程预示着设 $y = \sqrt[3]{abc}$ 也可以. 事实上有 $y^3 =$

172

abc, 于是

$$y = \sqrt[4]{y^4} = \sqrt[4]{abcy} \leqslant \frac{\sqrt{ab} + \sqrt{cy}}{2} \leqslant \frac{1}{2}\left(\frac{a+b}{2} + \frac{c+y}{2}\right)$$

$$4y \leqslant a+b+c+y, 3y \leqslant a+b+c$$

所以
$$\sqrt[3]{abc} \leqslant \frac{a+b+c}{3}$$

关于共轭和复数代换, 各举一例如下.

例 14　试证

$$\sqrt[3]{a+\sqrt[3]{b}} + \sqrt[3]{a-\sqrt[3]{b}} < 2\sqrt[3]{a} \quad (a \geqslant \sqrt[3]{b} > 0)$$

命 $\sqrt[3]{a+\sqrt[3]{b}} = u, \sqrt[3]{a-\sqrt[3]{b}} = v$, 则 $u > v \geqslant 0$, 则

$$u^3 + v^3 = a + \sqrt[3]{b} + a - \sqrt[3]{b} = 2a$$

所以不等式左边的

$$\begin{aligned}
立方 &= (u+v)^3 = u^3 + v^3 + 3(u^2v + uv^2) < u^3 + v^3 + \\
&\quad 3(u^3 + v^3) \\
&= 4(u^3 + v^3) = 8a
\end{aligned}$$

所以
$$u + v < 2\sqrt[3]{a}$$

例 15　计算 $\cos\dfrac{\pi}{9} + \cos\dfrac{3\pi}{9} + \cos\dfrac{5\pi}{9} + \cos\dfrac{7\pi}{9}$ 的值.

命原式 $= C$, 再设

$$S = \sin\frac{\pi}{9} + \sin\frac{3\pi}{9} + \sin\frac{5\pi}{9} + \sin\frac{7\pi}{9}$$

为用复数计算, 设 $z = \cos\dfrac{\pi}{9} + \mathrm{i}\sin\dfrac{\pi}{9}$, 则有

$$C + \mathrm{i}S = z + z^3 + z^5 + z^7$$

$$= \frac{z - z^9}{1 - z^2}$$

由于 $z^9 = \left(\cos\dfrac{\pi}{9} + \mathrm{i}\sin\dfrac{\pi}{9}\right)^9 = \cos\pi + \mathrm{i}\sin\pi = -1$, 所以

$$C + \mathrm{i}S = \frac{z+1}{1-z^2} = \frac{1}{1-z}$$

$$= \frac{1}{1-\cos\dfrac{\pi}{9} - \mathrm{i}\sin\dfrac{\pi}{9}}$$

$$= \frac{1-\cos\dfrac{\pi}{9} + \mathrm{i}\sin\dfrac{\pi}{9}}{\left(1-\cos\dfrac{\pi}{9}\right)^2 + \sin^2\dfrac{\pi}{9}}$$

$$= \frac{\left(1-\cos\dfrac{\pi}{9}\right) + \mathrm{i}\sin\dfrac{\pi}{9}}{2\left(1-\cos\dfrac{\pi}{9}\right)}$$

所以 $C = \cos\dfrac{\pi}{9} + \cos\dfrac{3\pi}{9} + \cos\dfrac{5\pi}{9} + \cos\dfrac{7\pi}{9} = \dfrac{1}{2}$

同时求出

$$S = \frac{\sin\dfrac{\pi}{9}}{2\left(1-\cos\dfrac{\pi}{9}\right)}$$

关于"反设代换",即在反证过程中引进一个参数,我们有如下例子.

例 16 设 $n \in \mathbf{N}$,试证 $n^2 + n + 2$ 不能被 15 整除.

设 $n^2 + n + 2 = 15k(k \in \mathbf{N})$,则

$$n^2 + n + (2 - 15k) = 0$$

有整数根,因此,$\Delta = 1 - 4(2 - 15k) = 60k - 7$ 为平方数. 但 $60k - 7$ 的末位数是 3(而不是 1,4,9,6,5),不可能是平方数. 矛盾. 可见 $n^2 + n + 2$ 不可能被 15 整除.

常数代换也叫常数变易,以变数代替问题中的常数,相当于把问题推广,把单个问题放入一类问题之中,并通过考察一般情形弄清规律,获得解决. 仅举一

例如下.

例 17　计算

$$\frac{(10^4+324)(22^4+324)(34^4+324)(46^4+324)(58^4+324)}{(4^4+324)(16^4+324)(28^4+324)(40^4+324)(52^4+324)}$$

这是第五届美国数学邀请赛一道吓人的试题,但仔细观察各括号中的式子,都具有 $f(a)=a^4+324$ 的形式,而

$$\begin{aligned}
f(a) &= a^4+18^2 \\
&= a^4+2a^2\cdot 18+18^2-2a^2\cdot 18 \\
&= (a^2+18)^2-(6a)^2 \\
&= (a^2-6a+18)(a^2+6a+18) \\
&= q(a)q(a+6)\quad (q(a)=a^2-6a+18)
\end{aligned}$$

命 $a=4,10,16,22,\cdots,58$,则

$$\begin{aligned}
原式 &= \frac{f(10)f(22)f(34)f(46)f(58)}{f(4)f(16)f(28)f(40)f(52)} \\
&= \frac{q(10)q(16)q(22)q(28)\cdot\cdots\cdot q(58)q(64)}{q(4)q(10)\ q(16)q(22)\cdot\cdots\cdot q(58)} \\
&= \frac{q(64)}{q(4)} = \frac{3\ 730}{10} = 373
\end{aligned}$$

自然,代换技术还在发展,常用常新,遍及数学的各个领域,我们应着重从中发掘新思想、新方法,促其发展.

第 3 节　数形结合

数形结合、转化,是自 20 世纪 80 年代以来,被炒得沸沸扬扬的话题. 但毕竟由于数、形概念是数学两大类基本对象的典型代表,它不仅仅是数学解题的高明策略,而且在一定意义上反映了数学和数学思维的本质特征,值得我们花大力气去进行探讨.

1.粗线条的结合

数和形两大概念系统,早在数学发生发展的初期,就结下了不解之缘.比如,长度、面积、体积概念,就是通过数式来描述形的大小关系的.最先发展起来的"度量几何"便是佐证.在诸多几何定理中,勾股定理被率先发现,就是意味深长的.而勾股定理正是集数形于一身的典型.

在本书第 2 章第 3 节,我们曾谈到它的一个巧妙的证明.

在同一章中,研究"茅以升问题"时,又介绍了叶年新老师生前设计的关联五种平均值关系的两个几何模型.这里再看两个整体以形解数的常见例子.

例 1　设 $a > b > 0$,试证如下恒等式:

(1)$(a + b)^2 = a^2 + 2ab + b^2$;

(2)$(a - b)^2 = a^2 - 2ab + b^2$;

(3)$(a + b)(a - b) = a^2 - b^2$;

(4)$(a + b)^2 = (a - b)^2 + 4ab$.

由于 x^2 和 xy 分别相当于正方形和矩形面积,我们可以构造"正方形模型"加以证明.由图 55 的(a)~(d)可见,欲证的四个恒等式成立.

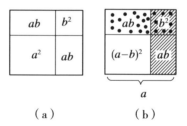

（a）　　　（b）

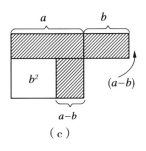

（c）

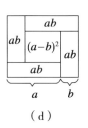

（d）

图 55

例 2　试用几何法证明：若 $a \geqslant b > 0$，则

$$b \leqslant \frac{2}{\dfrac{1}{a} + \dfrac{1}{b}} \leqslant \sqrt{ab} \leqslant \frac{a+b}{2} \leqslant \sqrt{\frac{a^2+b^2}{2}} \leqslant a$$

（调和均值 ≤ 几何均值 ≤ 算术均值 ≤ 均方根）

除第 2 章叶年新老师的两种几何模型外，这里再从李长明教授所著《数学中的直观方法》一书中选两种提供给读者（图 56）.

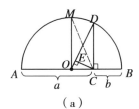

（a）

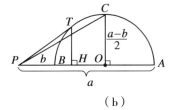

（b）

图 56

在图 56（a）中：$AC = a$，$CB = b$，则

$$CD = \sqrt{ab},\ CM = \sqrt{\frac{a^2+b^2}{2}},\ OM = \frac{a+b}{2},\ DE = \frac{2}{\dfrac{1}{a} + \dfrac{1}{b}}$$

且易见

$$b = CB \leqslant DE \leqslant CD \leqslant OM \leqslant AC = a$$

（当且仅当 C 重于 O 时，等式成立）.

177

在图 56(b)中:$PA=a$,$PB=b$,则切线

$$PT=\sqrt{b}\,,PO=\frac{a+b}{2}\,,PH=\frac{2}{\frac{1}{a}+\frac{1}{b}}\,,PC=\sqrt{\frac{a^2+b^2}{2}}$$

且易见

$$b=PB\leqslant PH\leqslant PT\leqslant PO\leqslant PC\leqslant PA=a$$

(当且仅当 A 与 B 重合时,等式成立)以形解数大致如此.

至于以数解形,开始停留在一些几何量(如 π,黄金比,正方形对角线与边之比等)的计算,后来有"代数法作图"等. 但都是粗浅的、零散的. 而代数几何,虽有联系,但各自保持独立.

2. 精细的结合

17 世纪是数学历史上一个变革的时代,当时代数学的发展已达到了相当高的水平,同时,几何学不仅按欧氏方法研究多边形、圆的果实累累,而且用平面截割的方法研究圆锥曲线也大有成就. 但各自的局限性也显露了出来. 当时众多数学家都在思考这个问题,而最深入者当属方法论大师笛卡儿. 他在《方法论》一书中指出:

古代人的几何和近代人的代数,除了都只研究一些非常抽象的看来毫无用处的问题以外,前者始终局限于考查各种图形,因而在运用理智时,不能不使想象力过于疲劳;而后者又是这样使人受某些规则和某些数字的约束,以致人们由之造成一种晦涩、淆乱心智的科学,而不是培养心智的科学. 由于这个原因,我想应当寻求另外一种包含这两门学科好处而没有它们缺点的方法.

几何一方是一题一招,一图一式,劳心费神,而无通法;代数一方则是抽象晦涩,不着边际的一堆法则公式.期待着它们联姻,产生兼有双方优点的儿女:这就是笛卡儿关于"几何代数化"的构想.为了迈出这构想中关键的一步,他简直到了梦寐以求的程度.有两则传说耐人寻味.一则说:

1619 年 11 月 10 日,笛卡儿服役在多瑙河边的兵营里做了三个连贯的梦,使他意识到关于一门奇特科学的"一项惊人的发现".

另一则说:

一天清晨,笛卡儿大梦初醒,他似乎看到一只蜘蛛在屋角天花板上爬动,于是想到,如果知道了它与两壁间距离的关系,就不难描绘蜘蛛爬过的路线……

故事是可信的,因笛卡儿久怀此念,日有所思,夜有所梦,梦魂自启的事并不稀罕.笛卡儿一直在思考这个问题,并确定了方法与原则:

(1)力求认真、谨慎地避免轻率和偏见;

(2)要求把要研究的困难问题中的每个困难,划分成可能的较好解决的若干部分;

(3)应当从最简单和最容易把握的事物入手,循序渐进地、登梯似的上升到对复杂事物的认识,以致假定出一个这些事物间的次序,即使这些事物本无次序;

(4)为了确保无遗漏,要尽可能一一列举,逐个审视.

就数学研究来说,笛卡儿一方面对当时流行的粗放方法提出疑问,不满足于数形的表层、整体的互用;一方面致力于分拆图形,直到拆成点;再把方程拆成满足它的一对一对的数,通过把点和数对的结合研究,再综合认识图形和方程.笛卡儿的"美梦"在《几何》

(《方法论》一书附录)一文中得以"成真". 我们来看看该书中对"帕普斯问题"的研究:

帕普斯问题:给定 3,4 或更多条直线,现要求一点,从它引出同样多条直线,每一条都同给定直线的某一条交成给定角,使所引线段中两条之积同第三条(如有第三条的话)或后两条(如为四条的话)之积,形成给定的比……

笛卡儿研究的是四条的情况(如图 57 所示):设 AB,AD,EF,GH 为给定直线,假定点 C 已求出,则线段 CB,CD,CF,CH 也就确定. 因直线太多,易引起混乱,可以简化:考虑把一条给定直线及所引相应线段,比如 AB 和 CB 作为主线,且设线段 $AB=x,CB=y$,应用 $CB \cdot CF = CD \cdot CH$ 及三角形边角关系,依次求出 CR, $CD,EB,BS,CS,CF,BG,BT,CT,CH$(通过 x,y 和一些常数表示). 这样,线段均可用尺规作出. 然后,笛卡儿写道:你们看到,无论给定多少条位置确定的直线,通过点 C 与这些直线相交成给定角的任何线段的长度,总可以用三项来表示:一项由某已知量乘或除以 y 而成,一项由已知量乘或除以 x 而成,第三项由已知量构成. 在进行一系列推导和计算后.

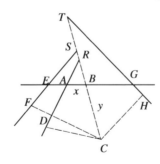

图 57

他写道:设给定量都以数值表示,如 $EA = 3$, $AG = 5$, $AB = BR$, $BS = \dfrac{1}{2}BE$, $\cdots$, $\angle ABR = 60°$,则由上述方法得到

$$y^2 = 2y - xy + 5x - x^2$$

由上述讨论中,不难知道:

第一,有了明确的坐标系(主线)、点和有序实数对对应的概念.虽然,为了适合帕普斯问题,用的是斜坐标系,但并未限定;

第二,有了明确的曲线方程的概念,并详细解释了推导曲线方程的基本过程;

第三,有了变量的概念和 y 同 x 相依变化(即函数)的初步概念.

这里我们指出:笛卡儿通过建立坐标系而建立的对应,乃是一种微观层次上的对应,是在平面点集 $\{P \mid P \in E\}$ 同有序数对的集合 $\mathbf{R}^2 = \{(x, y) \mid x, y \in \mathbf{R}\}$ 间的对象及结构关系上的全面对应

$$(C:建立坐标系)$$

$$E \longleftrightarrow \mathbf{R}^2$$

这是一种同构对应关系(功能性的转化),从而保证了 E 的某种子集(如一条曲线或一个图形)与 $\mathbf{R}^2$ 的某种子集(由方程 $F(x, y) = 0$ 制约的数对 (x, y) 的集合)的同构对应,保证了 E 的某一子集的某种特征、变化同 $\mathbf{R}^2$ 中相应子集的某些性质、变化的对应.正是因为 E 和 $\mathbf{R}^2$ 关系如此密切,我们往往把点和有序数对、方程和它对应的图形(无论从语言上还是处理上)不加区别.如说点 (x, y),直线 $2x - y + 3 = 0$ 等,都是司空见惯的.

经过长期努力,我们找到了若干重要的曲线方程:直线方程、二次曲线方程、高次代数曲线方程、若干超越曲线方程、$\mathbf{R}^3$ 中的若干曲线和曲面方程等.下面举几个大家非常关心的例子.

例3 试证"圆幂定理".

在平面几何中,相交弦定理、垂径定理、直角三角形射影定理、切线长定理、切割线定理、割线定理等可统一叙述为:

圆幂定理:设 P 为 $\odot O(R)$ 所在平面上一点,$OP = d$,直线 PAB 交(切)圆于 A,B,则

$$PA \cdot PB = |d^2 - R^2| \quad (定值)$$

此定理在平面几何中是分六七种情形,在不同的地方分别证明的,现在可以给出统一的证明.

然而,当笔者用普通直角坐标方程证明时,要用到多种技巧,且表述很长.下边给出用参数方程的简捷证明.

如图 58 所示,圆方程为 $x^2 + y^2 = R^2$.设直线 PAB 方程为

$$\begin{cases} x = d + t\cos \alpha \\ y = t\sin \alpha \end{cases}$$

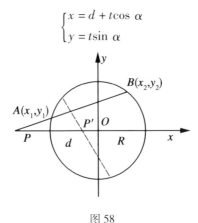

图 58

182

（其中 α 是直线倾斜角，参数 t 的意义是 P 到直线上的点的有向线段的数量）．把 x , y 代入圆方程，得 $(d + t\cos\alpha)^2 + (t\sin\alpha)^2 = R^2$ ，整理得

$$t^2 + 2dt\cos\alpha + d^2 - R^2 = 0$$

即 A , B 所对应的参数 t_1 , t_2 ($t_1 = PA$, $t_2 = PB$) 满足的方程，当 $\Delta = 4d^2\cos^2\alpha - 4(d^2 - R^2) = 4(R^2 - d^2\sin^2\alpha) \geqslant 0$ 时，直线与圆有公共点．这时，按韦达定理

$$PA \cdot PB = |t_1 t_2| = |d^2 - R^2|$$

应用类似的方法，可证它的如下两个颇为重要的推广：

（1）球幂定理：过任一点 P 作直线交（切）球 $O(R)$ 于 A , B 两点， $OP = d$ ，则

$$PA \cdot PB = |d^2 - R^2|$$

（2）圆锥曲线幂定理：设过点 $M(x_0 , y_0)$ 的直线 L 与常态圆锥曲线 $F(x , y) = Ax^2 + Bxy + Cy^2 + Dx + Ey + G = 0$ 交（切）于点 P_1 和 P_2 ， L 斜率为 $k = \tan\alpha$ ，则

$$MP_1 \cdot MP_2 = \frac{F(x_0 , y_0)}{f(\cos\alpha , \sin\alpha)}$$

其中 MP_1 与 MP_2 为有向线段数量． $f(x , y) = Ax^2 + Bxy + Cy^2$ ．

例 4　试证"一般截割定理"．

我们比较熟悉的是"平行截割定理"．它的推广就是一般截割定理：设 $A_1 A_2 A_3 A_4$ 为任意凸四边形，点 P_1 , P_2 , P_3 , P_4 分别在 $A_1 A_2$, $A_2 A_3$, $A_3 A_4$, $A_4 A_1$ 上，且

$$A_1 P_1 : P_1 A_2 = A_4 P_3 : P_3 A_3 = p : q$$

$$A_2 P_2 : P_2 A_3 = A_1 P_4 : P_4 A_4 = m : n \quad (m , n , p , q > 0)$$

又 $P_1 P_3$ 与 $P_2 P_4$ 交于 Q ，则（如图 59 所示）

$$P_1 Q : Q P_3 = m : n$$

$$P_4 Q : Q P_2 = p : q$$

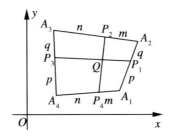

图 59

本定理用"综合法"证明实在难,几乎是无从下手.现在应用坐标法,设各点坐标如下

$$Q(x_0,y_0),A_i(a_i,b_i),P_i(x_i,y_i) \quad i=1,2,3,4$$

先用定比分点坐标公式计算 x_i,y_i,不妨设 $m+n=p+q=1$,则

$$\begin{cases} x_1 = qa_1 + pa_2 \\ y_1 = qb_1 + pb_2 \end{cases}, \begin{cases} x_2 = ma_3 + na_2 \\ y_2 = mb_3 + nb_2 \end{cases}$$

$$\begin{cases} x_3 = qa_4 + pa_3 \\ y_3 = qb_4 + pb_3 \end{cases}, \begin{cases} x_4 = ma_4 + na_1 \\ y_4 = mb_4 + nb_1 \end{cases}$$

设 P_1P_3 的 $m{:}n$ 分点为 $Q_1(x'_0,y'_0)$,则

$$x'_0 = mx_3 + nx_1 = m(qa_4 + pa_3) + n(qa_1 + pa_2)$$
$$= nqa_1 + npa_2 + mpa_3 + mqa_4$$

同理 $\quad y'_0 = nqb_1 + npb_2 + mpb_3 + mqb_4$

设 P_4P_2 的 $p{:}q$ 分点为 $Q_2(x''_0,y''_0)$,则

$$x''_0 = px_2 + qx_4 = p(ma_3 + na_2) + q(ma_4 + na_1)$$
$$= nqa_1 + npa_2 + mpa_3 + mqa_4$$

同理

$$y''_0 = nqb_1 + npb_2 + mpb_3 + mqb_4$$
$$x'_0 = x''_0 = x_0, y'_0 = y''_0 = y_0$$

所以 Q' 与 Q'' 重合,即为 P_1P_3 与 P_2P_4 交点 Q.

3. 以形解数

　　笛卡儿创立坐标系用解析法研究曲线的成功,使人们以为,在笛卡儿转化公式

$$S \xleftarrow{\quad c \quad} X$$
$$\text{(建立坐标系)}$$

中,只是 S(数)在已解问题链中,因而由右向左是化归,因而着重于将 X(形)化为数,以数解形;其实,在许多问题中,有可能 X 在已解问题链中,因而形成由左向右的化归.

　　例 5　设 a_1,a_2,b_1,b_2 满足 $a_1{}^2+b_1{}^2=1$,$a_2{}^2+b_2{}^2=1$,$a_1a_2+b_1b_2=0$,求证 $a_1{}^2+a_2{}^2=1$,$b_1{}^2+b_2{}^2=1$,$a_1b_1+a_2b_2=0$.

　　已知条件告诉我们:点 $A_1(a_1,b_1)$,$A_2(a_2,b_2)$ 都在单位圆 $x^2+y^2=1$ 上(图 60),由

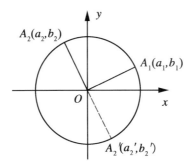

图 60

$$\begin{aligned}
|A_1A_2|^2 &= (a_1-a_2)^2+(b_1-b_2)^2 \\
&= (a_1{}^2+b_1{}^2)+(a_2{}^2+b_2{}^2)-2(a_1a_2+b_1b_2) \\
&= 2 = |OA_1|^2+|OA_2|^2
\end{aligned}$$

知
$$\angle A_1OA_2 = \frac{\pi}{2}$$

185

（或由 $a_1a_2 + b_1b_2 = 0$，知 $\dfrac{b_1}{a_1} \cdot \dfrac{b_2}{a_2} = -1$，故 $OA_1 \perp OA_2$. ）

这时，A_1 与 A_2 的相互位置决定它们的坐标只能是（图 60 中的 $\angle A_1OA_2{}'$ 或 $\angle A_1OA_2$）

$$\begin{cases} a_2 = b_1 \\ b_2 = -a_1 \end{cases}$$

或

$$\begin{cases} a_2 = -b_1 \\ b_2 = a_1 \end{cases}$$

无论如何，均有结论成立.

这样解题的关键在于回顾和发现公式的几何意义（称为"联想"），往往较为困难，但一经突破难关，迎来的则是柳暗花明. 李长明教授对此进行较为系统的研究，在逆用坐标法攻克了一系列繁难数学竞赛题的同时，撰写成《数学中的直观方法——坐标法的逆用》一书，开辟了系统地"以形解数"的先河. 李教授的思维过程可用框图（图 61）显示.

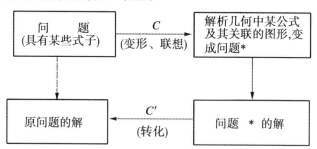

图 61

例 6 设 $|u| \leqslant \sqrt{2}$，$v > 0$，试求 $T = (u - v)^2 + (\sqrt{2 - u^2} - \dfrac{q}{v})^2$ 的最小值.

　　求二元函数(特别是无理式与分式混合的二元函数)的极值,谈何容易.但观察 T 的表达式,发现 T 可以看做点 $P(u,\sqrt{2-u^2})$ 与 $Q(v,\dfrac{q}{v})$ 间距离的平方.再观察 P,Q 的坐标,发现(图 62):

　　P 在半圆 $x^2+y^2=2\,(y\geqslant 0)$ 上;

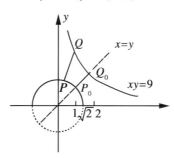

图 62

　　Q 在双曲线 $xy=9\,(x>0)$ 第一象限的一支上. 易见,它们在直线 $y=x$ 上的 $P_0(1,1)$ 和 $Q_0(3,3)$ 时,距离最小(因为分别位于 P_0 和 Q_0 处的切线平行). 因此

$$T_{\min}=|P_0Q_0|^2=(3-1)^2+(3-1)^2=8$$

(欲求 $|PQ|^2$ 最小,先求 $|OQ|^2$ 最小,则 $|OQ_0|^2$ 是最小的,因此,$|P_0Q_0|^2$ 最小).

　　为了体会出此法的优越性,不妨用不等式法或代换法试一试.

　　例 7　若方程组

$$\begin{cases}1-x^2-y^2=0\\ ax+by+c=0\end{cases}$$

只有一个解,问:当 a,b,c 均不为零时,以 $|a|,|b|,|c|$ 为边长的三角形是什么三角形?

　　若不往几何上联想,从代数本身自然也可想到

187

"判别式",但明显看出计算量较大. 现从几何方面联想:

已知方程组只有一解,说明直线 $ax+by+c=0$ 与圆 $x^2+y^2=1$ 相切,即原点到直线的距离等于半径

$$\frac{|a\cdot 0+b\cdot 0+c|}{\sqrt{a^2+b^2}}=1$$

所以

$$c^2=a^2+b^2$$

即以 $|a|,|b|,|c|$ 为边长的三角形为直角三角形.

自然,还可问:方程组无解或有两解时,如何?

例 8 设 $\beta-\alpha=2k\pi(k\in\mathbf{Z})$,若 $a\cos\alpha+b\sin\alpha=c,a\cos\beta+b\sin\beta=c$,试证

$$\cos^2\frac{\beta-\alpha}{2}=\frac{c^2}{a^2+b^2}$$

已知条件告诉我们,点 $A(\cos\alpha,\sin\alpha)$,$B(\cos\beta,\sin\beta)$ 既在直线 $ax+by=c$ 上,又在单位圆 $x^2+y^2=1$(图63)上. 实际为它们的交点,则角 $\beta-\alpha=\angle AOB$. 设 M 为弦 AB 中点,则将 $|OM|$ 算两次,得

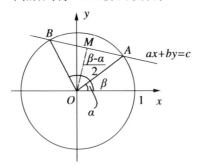

图 63

$$|OM|=|OA||\cos\frac{\beta-\alpha}{2}|=|\cos\frac{\beta-\alpha}{2}|$$

$$|OM| = \frac{|a \cdot 0 + b \cdot 0 - c|}{\sqrt{a^2 + b^2}}$$

所以
$$\cos^2 \frac{\beta - \alpha}{2} = \frac{c^2}{a^2 + b^2}$$

在如上几例中,见到有关的式子、类似的问题,我们就联想到两点距离、点线距离、圆、双曲线等,看到分式,还可联想斜率,这样可以开拓求解之路. 下边再举一例.

例9　设两正分数 $\frac{p_1}{q_1}$ 与 $\frac{p_2}{q_2}$ 介于 A, B 之间, p_1, p_2,

q_1, q_2 都大于 0. 试证分数 $\frac{p_1 + p_2}{q_1 + q_2}$ 也介于 A, B 之间.

由于 p_1, p_2, q_1, q_2 都大于 0,知两点 $P_1(q_1, p_1)$,
$P_2(q_2, p_2)$ 皆在第一象限(图 64),且 OP_1 和 OP_2 的斜率分别为 $k_1 = \frac{p_1}{q_1}$, $k_2 = \frac{p_2}{q_2}$. 而点 $Q(q_1 + q_2, p_1 + p_2)$ 正好是 $\square OP_1 Q P_2$ 的一个顶点,因此,OQ 介于 OP_1 与 OP_2 之间,不妨设

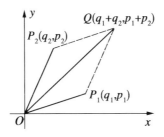

图 64

$$A < \frac{p_1}{q_1} < \frac{p_2}{q_2} < B$$

则

$$A < k_1 < k_2 < B$$

而 $k_1 < k_{OQ} < k_2$,故 $A < k_{OQ} < B$. 即

$$A < \frac{p_1 + p_2}{q_1 + q_2} < B$$

虽然此题的几何证法比用代数方法要麻烦许多,但是,我们从这里更深入地体会到了在两分数 $\frac{p_1}{q_1} < \frac{p_2}{q_2}$ 之间插入分数 $\frac{p_1 + p_2}{q_1 + q_2}$ 的几何含义.

解析几何中有大量公式,可作为"以形解数"联想的目标或媒介,因而此种方法,大有可为.

第4节 见微知著

在以形解数的联想中,我们总是仔细观察和寻找题目中与解析几何中的某公式有关的东西,加以联想,尽量联想到与某图形有关的条件,再通过几何方法加以解决.

把这种方法推而广之,就是在审题的过程中,尽量发现题目的已知(题设)、要求(结论)和条件中的某种信息,从而联想到已知的公式、法则、已解决的问题,哪怕只有一点可能,也不要放过.

波利亚在《怎样解题》这本备受欢迎的书中,讲到解题中"进展的迹象"时,引述了一个小故事:

当哥伦布和他的伙伴们西渡在一个大洋中时,每当他们看到飞鸟,就欢呼雀跃,因为飞鸟的出现是可能接近了陆地的迹象,但几次都失望了.他们还注意到别

的征兆,如曾以为漂浮的海藻和低垂的云烟预示着陆地,但也失望了,可是有一天,即 1492 年 10 月 11 日,星期四,征兆忽然多了起来,几只海鸟和一片青苇叶,平塔号船员看见一节竹棍,捞出一看,有砍削的痕迹,还有一个竹片和一棵陆生植物,尼娜号船员也看到接近陆地的征兆:一根树枝.般员们都被这些迹象唤起了希望,并欢欣鼓舞.结果第二天,就发现了陆地——新大陆第一岛.

波利亚讲这个故事的目的是要说明:当我们面对一个问题"山重水复疑无路"时,要像哥伦布的伙伴们那样,尽力捕捉同目标有关的迹象、征兆,哪怕是十分微弱的信息,无论是求解初期来自于题目本身,还是求解中途来自对题目探索变形,都要不嫌细小,联想我们的已知问题链,马上行动.这就是"见微知著",这是傅学顺老师发掘波利亚思想的一项重要成果,他据此建立的一套数学思维方法,已帮助数百位学子事业有成,他所著《数学思维方法》一书,颇受广大中学师生的欢迎.

我们先看一个例子.

三个半径都是 R 的圆 O_1,O_2,O_3 交于一点 P,则另外三个交点构成的 $\triangle P_1P_2P_3$,其外接圆半径也是 R.

这是一道世界名题.波利亚曾在《数学发现》第二卷中引用.原来,这是一位美国几何学家 1916 年发现的结果,并给出一个证法.后来,别恩哈特用求 $\triangle P_1P_2P_3$ 的外心的方法.伊利诺大学的耶姆什应用分析公共弦从等圆上截取等弧的方法,也给出了证明,这么多大家插手说明了问题的难度.然而波利亚的"见微知著"也许能避繁就简,化难为易.

方法 1 在按题绘制的图形(图 65)中,我们连了一些线(各圆心同圆交点的连线),我们从中看出了什么? 三个菱形! 由此可推出什么? $O_1O_2P_1P_2$ 是平行四边形. 由此知 $P_1P_2 = O_1O_2$,类似知 $P_1P_3 = O_1O_3$,$P_2P_3 = O_3O_2$,于是 $\triangle P_1P_2P_3 \cong \triangle O_1O_2O_3$,而 P 是 $\triangle O_1O_2O_3$ 外心. 故 $\odot P_1P_2P_3$ 半径 $= \odot O_1O_2O_3$ 半径 $= R$.

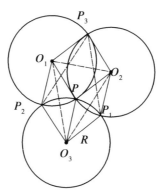

图 65

方法 2 图 65 中的线太多了,我们把圆心和交点及其连线分离出来(如图 66 所示),并略微转动一下位置,我们看到了什么?"立方体的直观图!"应该说还有一个顶点隐在后面.

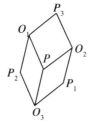 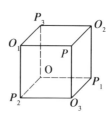

图 66

证明 过 P_3 作 $P_3O \underset{=}{\parallel} O_1P_2$,连 P_2O,P_1O,则

$O_1P_3OP_2$, $O_2P_3OP_1$ 都是菱形, 因此, $OP_1 = OP_2 = OP_3 = O_1P_2 = R$.

竟然如此简单! 而这仅仅是一个细微感觉——"好像立方体的直观图"的作用!

为了加深对这种解题策略的认识, 我们再看几个例子.

例 1　设锐角 α, β, γ 满足 $\cos^2\alpha + \cos^2\beta + \cos^2\gamma = 1$, 求证 $\tan\alpha\tan\beta\tan\gamma \geqslant 2\sqrt{2}$.

一见 $\cos^2\alpha + \cos^2\beta + \cos^2\gamma = 1$, 立即联想到长方体的对角线公式 $a^2 + b^2 + c^2 = l^2$. 命 $\cos\alpha = \dfrac{a}{l}$, $\cos\beta = \dfrac{b}{l}$, $\cos\gamma = \dfrac{c}{l}$, $l = \sqrt{a^2 + b^2 + c^2}$. 以 a, b, c 为棱构造长方体(图 67), 则易见

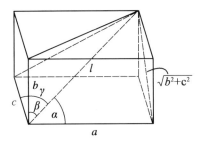

图 67

$$\tan\alpha = \frac{\sqrt{b^2 + c^2}}{a} \geqslant \frac{\sqrt{2bc}}{a}$$

类似知

$$\tan\beta \geqslant \frac{\sqrt{2ca}}{b}$$

$$\tan\gamma \geqslant \frac{\sqrt{2ab}}{c}$$

所以 $\tan\alpha\tan\beta\tan\gamma \geqslant \dfrac{\sqrt{2bc}\ \sqrt{2ca}\ \sqrt{2ab}}{abc} = 2\sqrt{2}$

此题的解法之"著",乃发自条件之"微",那么结论中是否有"微"可见呢?

这一问,想起来了:$\tan\alpha\tan\beta\tan\gamma = 2\sqrt{2} = (\sqrt{2})^3$,既是三个不等式相乘的结果,就可以再变化为:$\tan\alpha\tan\beta\tan\gamma \geqslant (\sqrt{2})^3\cos\alpha\cos\beta\cos\gamma$. 这样,也就无须构造长方体模型,而采用如下的证法:

由 $\cos^2\alpha + \cos^2\beta + \cos^2\gamma = 1$,知
$$\sin^2\alpha = 1 - \cos^2\alpha$$
$$= \cos^2\beta + \cos^2\gamma \geqslant 2\cos\beta\cos\gamma$$
因为 α,β,γ 都是锐角,所以
$$\sin\alpha \geqslant \sqrt{2\cos\beta\cos\gamma}$$
同理
$$\sin\beta \geqslant \sqrt{2\cos\alpha\cos\gamma}$$
$$\sin\gamma \geqslant \sqrt{2\cos\alpha\cos\beta}$$
三个不等式两边分别相乘,即得欲证.

例2 设 $a,b,c,d > 0$,且
$$\frac{1}{1+a} + \frac{1}{1+b} + \frac{1}{1+c} + \frac{1}{1+d} = 1$$
则 $abcd \geqslant 81$,试证明之.

一看见结论中 $abcd \geqslant 81$,联想上题即想到可否令 $a = \tan\alpha$. 再看条件中须转化 $\dfrac{1}{1+a}$,想到三角中有关公式,于是有如下语法

令 $a = \tan^2\alpha, b = \tan^2\beta, c = \tan^2\gamma, d = \tan^2\delta$,由于
$$\frac{1}{1+a} = \frac{1}{1+\tan^2\alpha} = \cos^2\alpha$$

则条件化为

$$\cos^2\alpha + \cos^2\beta + \cos^2\gamma + \cos^2\delta = 1$$

$$\sin^2\alpha = 1 - \cos^2\alpha$$

$$= \cos^2\beta + \cos^2\gamma + \cos^2\delta$$

$$\geqslant 3 \cdot \sqrt[3]{\cos^2\beta\cos^2\gamma\cos^2\delta}$$

写出另外三个不等式,两边分别相乘,得

$$\sin^2\alpha\sin^2\beta\sin^2\gamma\sin^2\delta \geqslant 3^4 \sqrt[3]{\cos^6\alpha\cos^6\beta\cos^6\gamma\cos^6\delta}$$

$$= 81\cos^2\alpha\cos^2\beta\cos^2\gamma\cos^2\delta$$

两边除以 $\cos^2\alpha\cos^2\beta\cos^2\gamma\cos^2\delta$,注意代换式,即得欲证.

由于在我们的"已解问题链"中,其主干是由我们在教科书中的"双基"构成的. 因此,在"化归"的时候,如能使

$$A \xrightarrow{(C)} B$$

中的 B 直接在"双基"之中,那就再好不过. 由于对几何来说,基本概念、定理、法则都关联着基本图形;对代数来说,则关联着基本数式,因而又有"基本图形分析法"、"基本数式分析法"之说,而这基本的数式图形,意味着中学数学产生的本源和原始过程,因而向它们的化归乃是一种"返璞归真"之举.

例 3　试证西摩松定理.

这定理是说:从圆上任一点向其内接三角形各边引垂线,则三垂足共线.

边引进符号,边画出图形(图 68):设 M 为 $\triangle ABC$ 外接圆上任一点,$MD \perp AB$ 于 D,$ME \perp BC$ 于 E,$MF \perp AC$ 于 F,我们要证的是 D,E,F 共线.

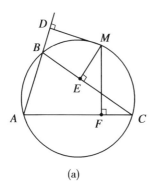 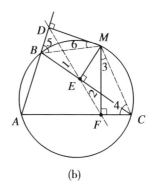

(a)　　　　　　　　(b)

图 68

怎样证 D,E,F 共线,想到"对顶角"这基本图形,就作辅助线:连 EF,ED,标出 $\angle 1,\angle 2$,则只要证 $\angle 1 = \angle 2$ 就行了(这里要用对顶角相等的一个逆定理:若两共顶点且相等的角一组边互为反向延长线,另一组边在这边异侧,则另一组边共线).(见图 68b)

怎样证 $\angle 1 = \angle 2$?

由于在 $\odot ABC$ 上任选了一点 M,又作了三边的垂线,于是有三组共圆的四点组:$M,B,A,C;M,E,F,C;$ M,D,B,E. 为了在 $\angle 1$ 和 $\angle 2$ 间形成等角传递,要充分运用三个圆内接四边形的等角传递功能. 于是连 MC, MB,则在圆内接四边形 $MEFC$ 中:$\angle 2 = \angle 3$,$\angle 3$ 与 $\angle 4$ 互余,所以 $\angle 2$ 与 $\angle 4$ 互余. 又 $\angle 5$ 是圆内接四边形外角,$\angle 5 = \angle 4$,所以 $\angle 2$ 与 $\angle 5$ 互余.

在圆内接四边形 $MDBE$ 中:$\angle 1 = \angle 6$,$\angle 6$ 与 $\angle 5$ 互余,所以 $\angle 1$ 与 $\angle 5$ 互余. 又 $\angle 2$ 与 $\angle 5$ 互余(已证),所以 $\angle 1 = \angle 2$. D,E,F 共线.

你看,证明西摩松定理用的仅仅是四条辅助线:

射线 EF,ED;线段 MC,MB.

　　而构成的是六个基本图形：三个圆内接四边形，两个直角三角形，和对顶角定理的一个逆定理的基本图形.

　　自然，"对顶角相等"的这个逆命题的证明非常容易（用反证法或同一法证明，从而归结为角相等的定义），因而一般默认. 但切勿以为用的是"对顶角相等"定理.

　　最后我们指出：这里边的任何一条辅助线都至少构成两个基本图形，如连 MC，构成直角三角形 MCF，直角三角形 MCE，圆内接四边形 $MEFC$ 和 $MBAC$；连 EF，构成圆内接四边形 $MEFC$ 和对顶角逆定理的基本图形. 由于任何一条辅助线都要起到某种关系或特性的传递作用，所以"至少形成两个基本图形的辅助线"，对解题才有用，这乃是一条规律.

参 考 文 献

［1］梁宗巨. 数学历史典故［M］. 沈阳:辽宁教育出版社,1992.

［2］傅钟鹏. 三次方程风云记［M］. 天津:新蕾出版社,1987.

［3］李世雄. 代数方程与置换群［M］. 上海:上海教育出版社,1981.

［4］伊恩·斯图尔特. 自然之数［M］. 上海:上海科学技术出版社,1996.

［5］戎子由,梁沛霖. 李天命的思考艺术［M］. 北京:三联书店,1996.

［6］波利亚 G. 怎样解题［M］. 北京:科学出版社,1982.

［7］李长明. 数学中的直观方法［M］. 贵阳:贵州教育出版社,1994.

［8］傅学顺. 数学思维方法［M］. 广州:广东高等教育出版社,1995.

［9］谈祥柏. 谈祥柏科普文集［M］. 上海:上海科学普及出版社,1996.

［10］杨之. 初等数学研究的问题与课题［M］. 长沙:湖南教育出版社,1993.

编辑手记

本书是杨世明先生的一本有关数学史与数学方法的著作.有人说诗是世界的早晨,历史是一个被遗忘的失眠之夜.中国人向来重视历史,对于真正的史学家都给予了极大的尊重,如陈寅恪被誉为"教授的教授",学科史也不同程度地受到知识界的重视,如研究天文学史的江晓源先生被上海交通大学委以重任,研究物理学史的钱临照先生一直被尊为科学史的一代宗师,当然老一辈的科学史专家从美国的李约瑟先生在国人心目中的崇高地位,到李俨、钱宝琮先生所开创的中国古代数学史的研究范式被奉为典范,吴文俊先生借古代数学思想创立数学机械化证明被传为美谈.但是外国数学史的研究则不乐观.许多大家的研究成果并没有在更大的社会层面得到广泛传播.如梁宗巨先生、李文林先生、胡作玄先生、张奠宙先生、李迪先生、李兆华先生、曲安京先生,等等,他们的知名度大多局限于数学界甚至是数学史界的小圈子中.究其原因之一是数学的门槛过高,阻碍了在大众层面的传播.比如本书的书名 Tartaglia 公式知道的人就很少(见本书 P20 – 24). Tartaglia 中文译为塔塔利亚,意大利文是"口吃者".他原来名叫丰坦那,幼时法国军队入侵意大利,被一个士兵砍伤,伤及舌头,变成了一个结巴.他留名青史是因为他第一次给出了一元三次方程的求根公式,后被卡尔丹盗取.在数学手册上被称为卡尔丹公式.

约翰·伯格说:想要在别人指定的地方寻找到生命的意义是徒劳的.唯有在秘密中,才能寻找到意义.塔塔利亚没能守住自己的秘密.卡尔丹盗取了别人的秘密,但卡尔丹也算是个忠实于自己职业的人,他还是一位占卜家,他曾对外宣布了自己的死期,结果不灵,为了保住自己的名声,自杀身亡.

英国 SUCK UK 出品了一本记录个人成长的自传体日记本,用 1 080 页讲述《My life story》.设计师将笔记本内容一分为三,第一部分简要概括自己的一生,第二部分则对每一年的故事进行重点回顾,第三部分认真写下墓志铭.最后还留有 4 页"悼念词",可以让你像电影《非诚勿扰 2》中那样痛快回忆你的人生.

像他这么言行一致,知行合一的数学家还有毕达哥拉斯.他自己定立了八不准,其中之一是绝不践踏黄豆地.在一次被仇家追逐中跑到了一块黄豆地前,为了践守誓言,宁可被仇家杀死,也绝不向前一步践踏黄豆苗.多么可爱的数学家.

本书的另一大特点是宣扬美国著名数学教育家乔

治·波利亚的解题理念,即转化与化归.他曾悲观的断言,解题像钓鱼术一样永远不会学会.

山西大学欧阳绛先生曾发过一个邮件过来,是介绍波利亚的,正好与本书相关,放置书后恰到好处,遂附于后,聊做手记.(以下为欧阳绛先生的一封信)

给中学数学教师的一封信

一

请允许我在这里摘录 Mathematicians are people,Too.(注)中的一段,对 G. Pólya 作简单介绍:

第二十九回　问题求解的引路人

波利亚,G.(Pólya,George),

1887 年 12 月 13 日生于匈牙利布达佩斯;

1985 年 8 月 7 日卒于美国加利福尼亚州帕洛阿尔托

(Palo Alto).

数学、数学教育与数学方法论.

上大学后,波利亚在维也纳学了一年.为了支付上大学的花费,他还给一个贵族小孩——格雷戈尔担任家庭教师,每周给他讲两次课,帮助他理解数学.

"我很生气,"波利亚在咖啡馆向一个朋友诉说,"不知道什么原因,教格雷戈尔他没什么进步.无论我怎么努力,他总是不明白:'解题,要做什么?'"

波利亚动脑筋寻找一种方法帮助格雷戈尔,他试用新的方式向格雷戈尔解释几何问题.他竭力反思:自己解题时,是怎样利用模式的,又是怎样把题和主要概念相联系的.最后,他对解题的方法作了简单的概述.对于波利亚来说,这是振奋人心的发现,自那以后,他对问题求解的兴趣终生不衰.

他开始讲述如何解题,不只是为了格雷戈尔,也是为了所有像格雷戈尔一样的学生.波利亚的大多数老师强调记忆,认为:某些程序应该用于特殊种类的问题;如果不能记住所用的程序,失败是必然的.波利亚则认为:这不是最好的方法.

——这正是《数学的发现》一书写作思想的源头.

二

他不是拿出题来,告诉你怎么解;而是帮助你找到解题思路.

在 G. 波利亚心目中:学习——帮助你打开心灵的窗户,发现窗外的景色!

告诉你:找到解题思路的方法,就是他说的"数学的发现".

正如古代学者所说:"授之以渔,而非授之以鱼!"有了钓鱼竿,还愁没鱼吃吗?! 不过,G. 波利亚做得妙处在于:他不是给你钓鱼竿,而是教给你制造钓鱼竿的方法.掌握了方法,还愁没钓鱼竿吗?!

三

江泽涵先生 1979 年对我说:"在美国,G. 波利亚的著作是家喻户晓的了,美国人见到自己上中学的孩子面对数学题,皱眉头,不知如何下手时,就给他一个夸特(硬币,两角五分钱),让他到巷子口小摊上买一本波利亚的著作.和北京的模范数学教师一块旅游时,问道:'知道 G. 波利亚吗?'竟然一个个瞪着大眼睛,不知怎么回答.北京的数学教师竟然闭耳塞听

> 到如此的地步,唉!"
>
> 　欧阳绛,在中国推广波利亚的数学教育思想,是你的责任!
>
> 　　　　　　　　　　　　　　　　　欧阳绛
>
> 　　　　2012 年 5 月 22 日,时年八十有七

脚注:江泽涵先生:北京大学数学系主任,在拓扑学方面有重要贡献,享年 92 岁,顺带说一声:数学是一门严谨的学科,如果你的生活能像数学那样严谨,还能长寿呢! 你看:G. 波利亚就享年 98 岁.

[注]此书有中译本《数学我爱你》

[美]吕塔·顿默尔

维尔贝特·顿默尔著

欧阳绛译

哈尔滨工业大学出版社,2008 年.

　　　　　　　　　　　　　　　刘培杰

　　　　　　　　　　　　2017 年 9 月 13 日

　　　　　　　　　　　　于哈工大